U0153286

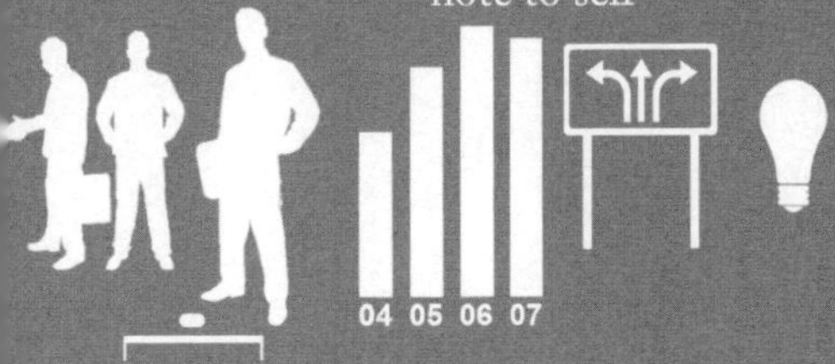

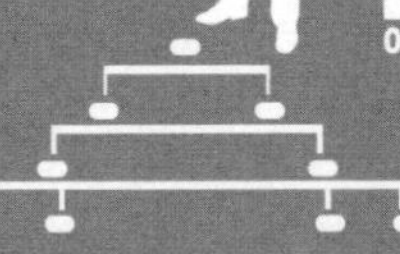

職場專門店

楊朝仲、文　柏、林秋松、董綺安、
劉馨隆、徐文濤、李政熹　合著

系統思考與問題解決

書泉出版社 印行

推薦序一

衣服修改，不如重新裁製省力；觀念調整，不如沿用習慣省事。這是人情之常，也是衆人通病，更是諸多事務成敗的關鍵。

回顧近十年來，全球距離縮短、國際競爭激烈、時代進步飛快，往往瞬息之間的驟變，逼得人們踉蹌腳步才剛剛穩住，便又跌落在一陣心驚膽顫之中。身處教育界的我們，非但無法漠然置身事外，更應該明白自己肩負了舉足輕重的影響力。所以，當全世界都積極投入了教育改革時，臺灣當然不該缺席，儘管「十二年國教」被罵翻，翻轉教室和創新教學被唱衰，我還是要堅定地主張：「教育，非變不可！」

歷史告訴我們，改革從來都不是件容易的事，而首先要克服的，就是觀念的扭轉。基於這樣的理由，我積極參與了各項研習和會議，不放棄任何吸收新知、觀摩學習的機會。因此，2016 年的 1 月 8 日，我參加教育部推動優質化團隊所安排的校長場工作坊，聽到了逢甲大學「專案管理與系統思考研究中心」主任楊朝仲教授主講的「系統性思考」，胸中一些疑難瓶頸頓時豁然化解，因此我們主動聯繫楊教授洽談有關實務上合作的可能性，在雙方決定進一步的合作之後，短短一個學期就先後針對「行政專案管理」、「優質化計畫書撰寫」、「107 課綱多元創新課程設計」、「中英文寫作的指導」等項目導入系統性思考的概念和作爲，希望成爲不斷尋求自我提升的一股助力。非常感謝逢甲大學楊教授團隊的協助，更感謝學校許多同仁的支持與加入，這是一項艱鉅的任務，但我們已經踏出了重要的第一步，畢竟樹人是百年大計，雖然離蓊鬱繁茂目標還有很長的路要走，但方向正確、方法活絡，至少不會路迷而心慌。

猶記得上半年才剛拜讀過楊教授的《系統思考的即戰力》一書，如今這本書即將發行新版——《系統思考與問題解決》。我十分佩服他能把令人頭昏腦脹的複雜理論，用「化繁爲簡，以簡馭繁」的自創「八爪章魚法」，讓我們在實務操作時易於入門、有助領悟。這次有幸受邀並答應寫序，正是因爲親身體驗到楊教授率領他的團隊，不斷地在理論與實務、業界與學界之間，致力於「推廣、落實、驗證、更新」，著實讓人欽佩！

在教育界服務三十多年，見證許多可貴的默默耕耘者，他們不張揚、不浮誇、不氣餒，而這樣的一股沉默力量，往往是讓社會局面看似紛亂散漫，卻能維持屹立不倒的重要原因。誠如教授所說的：「眼睛看到的是視線，眼光看到的是遠見。」相信不論是企業人才需求或學校培育策略，甚至只是個人思維習慣的突破，這本書所講的這套方法，都值得深深讚賞和大力推薦。

臺中市私立衛道中學校長　陳秋敏

推薦序二

不給貓咪鮮魚吃

坊間談就業、理財、管理、英語學習類的書籍不可勝數，各大書店暢銷書排行榜前幾名，大約也都是前述類型的書籍。只是，台灣出版業者每年推出 4 萬本新書；換言之，平均每天約有110本新書上市。要在書海中浮出浪頭，爭取能見度，而不被下一波大浪來襲時淹沒，靠的是功力，更是實力。

不敢說《系統思考與問題解決》是一本能夠異軍突起的新書，但是，作者群在書中所要呈現給讀者的，的確是迥異於過往的類型書籍。「給貓魚吃，不如給貓魚竿」，書中一再傳達的就是這種信念。用更淺白的話說，面對困惑，作者不告訴你答案，而是要教你如何思考，讓你自己想辦法找出屬於自己的答案。

這本書的書名雖然是「系統思考與問題解決」，但究其實，就業力只是應用，一如外功，眞正的原理原則，還是系統思考。其實，系統思考這領域，我接觸亦不多。過去，接獲作者群的另一本大作《系統動力學》時，曾略爲瀏覽，當時還爲內容的過度艱澀難以體會而感到痛苦不已，不料這一次，同樣的內功心法，換個包裝後再推出，已然變得平易近人，甚且老嫗能解。「系統思考」不再是令人望而生畏的高深學術，它已從工程界進入社會界，從純然的理工環境中，飛入尋常百姓家，成爲人人皆可上手應用的思考工具。

我猜想，作者群應該是一群很執著又很有心的學者，在習得「系統思考」這一領域的精髓後，認爲這套理論博大精深，且可以運用在不同層面上，爲免這麼精彩的理論被侷限於學術殿堂，外界難以一窺堂奧，乃親自下海操刀，分頭撰寫各篇章節，經集結後成爲一書，讓魯鈍如我輩者，皆能依其導引，而廣爲運用。

因此，這本書絕非以文筆精美取勝，更非以內容曲折離奇見長，它所傳達的是「系統思考」的基礎理論，以及簡易的操作模式。如果讀者能夠領略其中要義，並化爲自身的內功心法，所謂一法通、萬法通，未來，說不定讀者自己也能夠續成「學習力與系統思考」、「生活力與系統思考」等書呢！

資深媒體人　范立達

推薦序三

「問題解決」是一種相當重要的能力，但在現有教育系統中不容易培養。從小到大，大部分的考試都有標準答案，許多是是非題、選擇題，以致於在成長過程中，我們把「問題」簡化了。「簡單的問題——標準的答案」，這種思考模式主導著我們的學習，也主導著我們的教學，久而久之，我們不知道如何面對複雜系統，解決複雜的問題。但是，眞實社會中大部分問題都是複雜的問題，都不是「是非題」或是「選擇題」。於是，面對困境時，我們常常會不知所措。

小到個人生涯規劃、大到治國與全球戰略，核心都是「問題解決」，但這些都不是簡單問題，涉及我們對問題的認識、對環境的瞭解、對可用資源的掌握、對策略的分析、對先後步驟的規劃；簡言之，我們要能對複雜系統有所瞭解，才能掌握問題的核心，才能規劃策略並進一步調整改善。因此，問題解決是有方法可以依循的，再複雜的問題，只要我們掌握整體系統，仍然如簡單問題一般可以分階段、依照規劃來解決。

「系統思考與問題解決」是作者多年來針對解決複雜問題，歸納研究出透過系統思考來達成改善目標的一套哲學、方法與策略。系統思考可以用在任何決策領域，更是目標管理、組織變革必須採取的最佳策略。本書特別以就業力與高中創新教學爲討論對象，正因爲這兩項議題是大家關心卻不知如何面對，而且會深切影響學生未來競爭力的重大議題。能將系統思考導入個人生涯規劃、目標管理、組織變革，就能針對複雜問題規劃出解決方案。

學會系統思考能讓我們面對現實生活把複雜問題簡化、找到關鍵核心、並尋求改善的可行方案。本人要特別推薦《系統思考與問題解決》一書，它提供我們一套培養問題解決能力的簡單方法。

逢甲大學通識教育中心主任 翟本瑞

再版序

你知道嗎？

◎這是一個破壞型創新的時代，誰能改變消費者的習慣，誰就是贏家。所以這個時代，你眞正可怕的對手不是看得見的競爭同業，而是看不見的跨領域異業。例如：手機未來眞正最大的敵人有可能是手錶，而手錶未來最大的敵人可能是眼鏡。唯有跳出既有領域的框架，發揮系統思考，才有可能在這個時代做到「制人而不制於人」、「不戰而屈人之兵」。

◎「學力」比「學歷」重要的時代已來臨。

◎大學錄取率與失業率不斷上升，如何在紅海就業市場中培養「藍海」的技能，已是當前職場生存最重要的課題。

因此面對全球化的浪潮，個人就業力的培養應著重在就業即戰力（如：系統思考能力、問題解決能力、表達能力、觀察分析能力、規劃能力、管理能力）的開發。

如何有效且具體地學習與養成就業即戰力，即爲本書的撰寫動機一。

你知道嗎？

◎天下雜誌曾經報導「新加坡」優秀的文官團隊。他們自高中開始就被培養有寬廣視野，有「系統思考」，也有規劃執行能力。而新加坡成功的水資源經營模式及賭場的具體完善規劃，都是這些文官系統思考下的產物。

◎「系統思考與問題解決」已經成為「十二年國教」的核心素養。

◎對想要在當今就業市場中獲利的人來說，他們缺的不是答案與案例，而是靠自己去尋找未知答案與分辨已知答案的思考能力。所以「給他魚，不如教他釣魚」。

因此系統思考將成為個人與國家競爭力的關鍵因素之一。唯有更多官員和民眾具備系統思考的能力，未來台灣社會才能擬定與落實更多更有創意且治標亦治本的公共政策。

如何讓一般讀者能輕易地瞭解系統思考與其導入就業力培養的實際方法和步驟，以及十二年國教高中創新教學的有效應用，即為本書的撰寫動機二。

基於上述兩點動機，本書各章節的內容安排與主要的撰寫目的如下：

系統思考為管理大師彼得·聖吉所提出的「第五項修練」中最重要的一項修練，而「即戰力」則是當紅管理大師大前研一所提出的世界通用人才養成力方向。本書在整合這兩者的核心觀念後，研發創造出你可以具體應用於就業市場的系統思考方法，讓你找到屬於自己的答案，而不只是聽別人告訴你的答案，讓你創造出屬於你自己的傳奇，而不只是聽別人的傳奇。本書內容與案例應用範圍涵蓋「如何運用系統思考來培養問題解決能力」、「如何運用系統思考來培養英文表達能力」、「如何運用系統思考來培養財務觀察分析能力」、「如何運用系統思考來培養專案管理能力」、「如何運用系統思考來培養職涯規劃能力」、「如何運用系統思考來回答求職面試問題」、「如何運用系統思考來進行高中創新教學」。

第一章　餓死在食物堆裡的胖子——系統思考與就業力

點出系統思考與就業力各自的重要性與相互的關聯性。

第二章　一隻拿食物的手——系統思考與問題解決能力

說明系統思考採用因果圖解分析，具有很高的直觀理解性，非常適合一般人學習與運用。

藉由日常生活案例的設計說明，讓一般人能輕易瞭解系統思考的思維方式與認識各種不同問題類型的系統基模。

整合系統思考與延伸性思考的方法論來具體培養個人的問題解決能力與批判性思考能力。

說明與呈現系統思考的好處：1.避免見樹不見林，瞭解整體是不容分割的。2.沒有正確的答案，鼓勵解題思維的創新。3.瞭解時間滯延的影響，提出治標也治本的策略。

第三章　啞巴吃黃蓮——系統思考與英文表達能力

說明「好的英語能力≠好的英語溝通表達能力」，「好的英語能力+強的系統思考能力＝好的英語溝通表達能力」。

具體舉例示範如何運用系統思考來有效鍛鍊英文寫作與英文表達能力。

第四章　昏迷中的菜籃族——系統思考與財務分析能力

個人的財務力是決定個人財富累積的重要關鍵，個人財務力牽涉到個人的觀察力與分析力。利用系統思考的因果回饋關係分析、存量與流量圖之建構，將有助於觀察力與分析力的培養，再透過自我檢視個人的理財個性，以研擬策略，將能有效地提升個人之財務力與財富。

第五章 無厘頭的旅遊——系統思考與專案管理能力

藉由系統思考的導入，再配合情境簡例的說明，將有助於讀者迅速瞭解專案管理（包含整合管理、範疇管理、時間管理、成本管理、品質管理、利害關係人管理、人力資源管理、溝通管理、風險管理與採購管理）的運作流程與內涵。

第六章 自己的工作自己挑——系統思考與職涯規劃能力

藉由系統思考建立個人正確的職涯規劃價值觀：「以時間的尺度來看待，現在不好並不代表以後會不好」、「成功需要時間等待（時間滯延）」。

說明如何設計「就業領域點線面系統圖」來有效訂定職位目標。

說明如何運用系統基模來進行人生各階段的職涯規劃。

第七章 你會催眠嗎——系統思考與求職面試問題

介紹如何運用第二章至第六章的系統思考方法來準備求職面試的問題。

第八章 唸不好，別放棄！系統思考來救你——八爪章魚覓食術與高中創新教學

介紹八爪章魚覓食術如何應用於英文學測作文、國文學測指考作文、歷史科與公民科學習。

坦白說，目前市面上談就業與創新教學的專家與書籍並不算少，或許你在翻開我們這本書以前，就已經看過無數談論就業與創新教學的書。然而在這些書裡，你可以發現一個現象，那就是儘管這些書提出了很多目標與口號，卻很少交代具體有效的實踐方法。有句成語叫「畫餅充飢」，剛好就可以用來形容剛才提到的這些書籍，透過那些書，你看到了一個美好的遠景與未來，但當你眞的準備要付諸實行的時候，卻發現好像連第一步都不知道該怎麼跨出去，於是遠景永遠只是遠景，這就好像在你面前畫了一張美麗的大餅讓你看一般，看得再久，你還是不會飽，因爲根本沒有東西讓你嚥進去。

因此，我們寫了這本書，希望讓你知道一個可以實際應用在你自己身上的方法，透過這個方法，那些專家所提出的目標與理念，將可以實際發生在你的生活裡，不再只是天邊一抹美麗的晚霞，看得見，摸不著。

而本書另一個目的在「拋磚引玉」，希望經由就業力有效養成與創新教學這些大魚的誘因，讓大家能重視與學習系統思考這枝有用的釣竿，進而讓系統思考的種子，能有機會被不同領域的人加以導入與發揚光大。

本書得以順利出版，首先要歸功於好友文柏、逢甲大學領導知能與服務學習中心林秋松主任、逢甲大學語言教學中心董綺安老師、明新科大休閒事業管理系劉馨隆教授、明道中學高中部徐文濤主任、清水高中李政熹老師，願意在百忙之中撥冗協助我一同研發系統思考在問題解決、英文表達、投資理財、專案管理、職涯規劃、高中創新教學等面向的具體有效導入方法與實際撰寫本書各章節。再則感謝逢甲大學陳介英教授、王謙教授、翟本瑞教授，三位歷任現任通識中心主任的鼓勵與支持，並實際協助我開設「系統思考與就業力」的通識精進課程，讓本書的學習方法與教材可以具體落實於大學的通識教育課程。還有五南出版社張毓芬小姐與侯家嵐小姐在出版過程中提供寶貴的編修建議與出版進度的精準掌控。

最後將本書獻給我摯愛的妻子孝慈、親愛的父親與母親、敬愛的岳母以及在天上守護著我們的岳父大人。

逢甲大學專案管理與系統思考研究中心主任

逢甲大學專案管理碩士在職專班主任

楊朝仲

2016年8月28日

目錄

1

餓死在食物堆裡的胖子

系統思考與就業力

楊朝仲、文柏

一個細心的老公將出差，爲了怕老婆餓著，特地準備了一張大餅，並挖了個洞，將它套在老婆的脖子上。幾天後，老公出差回來了，你猜怎麼著？

緒言

民間流傳一則有趣的故事：從前有個人因爲工作關係必須出遠門，但因爲他的老婆奇懶無比，整天只知道睡覺，連做飯都嫌麻煩，因此他在出門之前就先做好了一張大餅，並在餅中間挖了一個大洞，他想，只要把這張餅套在他老婆的脖子上，她便可以在餓了的時候張嘴就吃，一點兒都不費力，這樣一來，吃飯就不是問題了。結果沒想到，當他結束工作後，風塵僕僕地從外地趕回來，一推開家門，竟然發現老婆餓死在床上。怎麼會這樣，我不是已經做好一張餅套在她脖子上了嗎？悲傷驚訝之餘，他湊近仔細瞧了瞧，才發現那張他苦心製作的愛心大餅，他老婆只吃掉嘴邊的一小部分。沒想到，他老婆居然懶到連伸手去轉一下餅都不願意，最後只有活活餓死在床上了。

任何人看到上面這則故事，都應該會捧腹大笑，覺得荒誕不經吧。世界上怎會有這種懶人，太誇張了！但其實這樣的故事就天天發生在你我周圍，甚至是你我身上。如果不相信，我們不妨換個方式來重新解說上面這個故事。

大家都知道，金融風暴從2008年開始侵襲全球，世界經濟陷入寒冬，各國失業人口遽增，有些專家甚至預期這種困境將持續到2013 年。然而，我們即使知道這種情況，又將如何因應呢？是否要引頸期望有能力的人出面拯救世界，讓你的生活比較好過、工作比較穩定；還是拚命蒐集大師、專家在電視、報章雜誌、書籍及現場演講等等各種媒體或場合裡發表的高見，希冀從中找出一個可以讓你免被這波失業潮波及的救命仙丹。其實不管你採取的是上述哪一種做法，其結果都會和故事中的懶老婆一樣，只希望靠著別人的付出或是別人給的答案來解決困境。如果你不同意，我們將繼續予以分析。

首先，如果你總是期望有專家出面拯救大家免於金融風暴的侵襲，那麼明顯可知，就是你打算什麼也不做，只等著別人伸出援手，這和故事裡的懶老婆，只等著丈夫把飯餵到嘴邊才肯吃，連手都不肯伸一下的情形是一樣的。

其次，如果你期待從大師、專家在電視、報章雜誌、書籍及現場演講等等各種媒體或場合裡發表的高見中，找出一個可以讓你免被這波失業潮波及的救命仙丹，那麼，你不妨靜下來想一想，你想要的是什麼。現實生活中的你，可能是一個即將畢業謀職的學生，或是這個社會中的任何一種職業從業人員，如銀行行員、便利商店店員、會計、作業員、程式設計師等等，在大環境不景氣的情況下，你面臨著巨大的壓力，很想從別人的經驗中找出解決當前困境的答案，於是你開始去聽演講、專訪，以及翻閱相關書籍。

也許你會懷疑，這跟故事中的懶老婆有什麼關係？當然有關係！因爲你雖然面對困境，卻不尋求自己的答案，只希望別人把答案放到你面前，這跟和懶老婆「飯來張口」的行爲當然沒有什麼差別。

現在我們再來看看以上兩種做法會有什麼下場。首先，你如果總是期待有能人出面拯救大家免於金融風暴的侵襲，那麼在這位能人還沒出現之前，你要怎麼辦？當個待業青年或失業人士，像故事裡的懶老婆一樣慢慢餓死嗎？其次，如果你希望從他人經驗中找出解決當前困境的答案，那麼你可能還必須去想想，這些找到的答案對你來說，眞的能解決問題嗎？

如果你願意花上一整天的時間去翻閱書店裡那些大師或專家所寫的財經、人文、職場、專業書籍雜誌，或是仔細研究新聞頻道上的大師、專家專訪或對談，你最後必然會因爲他們描述的精彩故事而深受感動，並折服於他們所提出的專業建議。但令人不解的是，爲何在你感覺到收穫豐富的同時，腦中卻仍是一片空白？究其原因，就是你既不知道這些精彩故事及建議從何而來，也不知道這些精彩故事及建議要如何具體落實在你的生活中。這些大師提出了他們精彩的人生遭遇與一些建議，但都不是針對你而來，也不是爲你量身訂做，你的成長歷程、生活環境和工作領域可能完全不同於這些大師，所以他們的經驗與心得都無法直接應用在自己身上，就算你聽了、看了一個又一個的精彩故事，也領略了大師風範，甚至知道他們從自身經驗中歸納出的一些結論，卻還是毫無所得，只能惶惶終日，坐以待斃，其下場就跟故事裡的懶老婆一樣慢慢餓死，因爲你只吃別人拿到你嘴邊的食物，但偏偏別人拿到你嘴邊的，對你來說卻又稱不上是食物。

其實，在就業這個問題上，光想靠別人提供答案，不但會有生死操縱在別人手上的不確定感，以及徒勞無功的恐懼與徬徨，有時還會造成以下這種我們姑且稱爲「搶種柳丁」的情形。

有一個非常熱門的名詞，就是「藍海策略」，它改變了不少企業的經營與管理風格。現在有很多人都在暢談如何找出屬於自己的藍海策略，甚至以此做爲撰寫書本或演講的主題。藍海一詞，其實就是一個相對應於紅海的概念，而所謂的紅海則是形容企業採取削價競爭，殺得血流成河，把海水都染紅了的概念，因此藍海策略其實就是指你要如何找出一個競爭不那麼激烈，但有發展價值的領域去努力之意。這個概念的確很好，大家都認同，尤其是在就業領域裡，更是非常重要，但問題是，你要如何在就業領域裡落實這樣一個概念。或許你依然願意花上一天的時間去市面上找出那些談論藍海策略的書籍，並加以詳閱，同時在你看完以後，也的確在心中建立起判斷藍海策略的幾個標準，但這樣就眞的可以建立起自己的藍海策略了嗎？以下我們先來說明幾件有趣的事。

幾年前，有位台灣的大學生曾經研發出一種股市分析程式並實際測試過，效果相當不錯，於是便開始有記者找上門，對這位年輕的研發者進行專訪。在專訪中，記者問了這位研發者一個有趣的問題，就是如果大家都使用這個程式，股市會如何？這位研發者的回答也很有趣，他說，如果大家都使用這個程式，那麼程式分析出來的結果將可能失靈，因爲他當初在設計程式的時候，並沒有把「所有人都使用此一程式」這樣一個變數放進去，因此他的程式無法分析含有這樣一個「所有人都使用此一程式」變數的股市。

說完股市，我們再來看看農牧業。過去這幾十年來，我們常常會看到一種現象，只要有賺錢的機會，大家就會一窩蜂地去搶搭這股熱潮，如柳丁、豬隻都是如此，很快地造成供過於求的現象，最後連工錢都撈不回來。其實這樣的現象不只出現在農牧業，現在的教育何嘗不是如此。大學生値錢，大家就拚命想辦法去唸大學；學醫、學法賺錢，這兩類科系隨即年年登上大學熱門科系排行榜。然而，這樣一窩蜂的結果，將因爲供給過剩而行情大跌。

說完這些有趣的事，我們再回過頭來看，假設你已經依照那些專家、大師的具體建議，建立起判斷藍海策略的標準，這時你可曾想過，如果大家都跟你一樣一窩蜂地仿效這些標準，嘗試建立自己的藍海策略，那麼你發現的藍海還會是一片藍海？還是像柳丁、豬隻市場一樣，一片紅海。

有句大家都耳熟能詳的話，就是「給他魚，不如教他釣魚」。其實，我們不妨想想，如果一開始那個故事中的丈夫不是直接做張餅套在他太太的脖子上，而是想辦法讓她不要這麼懶，自己學著做飯，那麼這樣一個荒謬的悲劇或許就不會發生了。事實上，在我們的現實生活中也是一樣，與其等待能人、專家、大師來為你提供答案，還不如自己去學習找出解答的方法。

他人的經驗與專家提供的答案並不是不重要，一個人本身的知識、眼光與生命都是有限的，我們不可能單憑自己的力量就能知道所有的知識或經驗一切的事物，因此這些他人提供的經驗與答案可以幫助我們在尋找答案的過程裡少走很多冤枉路，然而只有他人的經驗與專家提供的答案卻是不夠的，因為你還必須思考如何將這些答案與經驗實際應用在你的生活中，否則就如同孔子所說的：「學而不思則罔，思而不學則殆。」空有很多他人的經驗與專家提供的答案，卻不願學習一套思考方法，去思考如何將他人傳授的寶貴知識與經驗應用在自身的生活中，就如同一個坐在食物堆中卻不肯伸手去拿來吃的胖子一樣，最後的下場只是餓死。

在大前研一先生的《即戰力》一書中曾經提到，在就業市場裡，一個人必須具備三種能力方能具有優勢，一是問題解決能力，一是英語表達能力，還有一個則是財務規劃能力。這三種能力在當今職場上備受重視，的確是一件毋庸置疑的事，但問題是我們要如何具備這些能力？是否所有的工作都需要具備這三種能力？前行政院院長劉兆玄先生有句話說得好：「錢不是問題，問題是我沒錢」。大家都知道，只要有錢就能解決很多事，問題是你要如何有錢。相同的，大前先生說的也沒錯，那些能力的確很重要，問題是，你要如何才能具備、你又要如何應用在現實生活中。

在本書接下來的內容裡，你將會看見一個完全不同的世界，我們除了提供一些與就業有關的重要意見給你參考，還將要告訴你一個在就業方面具體可行的「系統思考方法」，透過這個方法，你將不再只是在腦裡塞下一堆媲美小說的精彩故事或是抽象的建議、概念，而是可以靠自己的力量，得到一個特地爲你量身訂做且具體可行的就業藍海策略。讓我們藉由這本書開始訓練你的雙手，讓它們擁有自己抓取食物的能力，而不再只是一個依賴別人餵食的人。

看到這裡，大家或許會有個疑問，那就是什麼是系統思考？爲什麼我們要用它？它有什麼好處？關於這點，讓我們暫且賣個關子，在本書的第二章，我們將會爲大家做進一步地介紹。

就業力

從經濟部 2004 年的統計數據中可以得知，能夠存活 20 年以上的中小企業只占全國中小企業總數的百分之十幾，也就是說，每五家中小企業中只有不到一家的經營者能撐過 20 年（這幾年就更不用說了），這意味著在以中小企業爲主要商業經營型態的臺灣，你想要找到一份具有相當穩定程度的工作並不是一件容易的事。事實上，我們以爲從當今的世界經濟情勢來說，即便是正職或兼職的大企業員工、小型自營商或是自由業從業者，恐怕也很難自信滿滿地說他的工作有著多高的穩定度。因此，面對就業市場，你抱持的心態恐怕要略作調整了，面對這樣的世界形態，我們以爲你應該讓自己具備的不再只是某種特定的技能或是顯赫的學歷（以往學的學問並不保證你能面對未來），而是一種能順應世界而變的能力，就好像水一般，它能隨著容器而變化出不同的形狀。其實，這是個你、我平日都早已在實踐的道理與原則，想一想，你平常是隨著天氣的變化在穿衣服，還是不管任何天氣，都穿著同樣的衣服。環境是無法靠個人之力來改變的，所以個人在面對環境的改變時，唯一能做的就是培養自己適應環境的能力，身處於地球此一自然環境中的我們是如此，身處於就業市場此一社會環境中的我們也是如此。適應自然環境變化能力，我們往往稱之爲生存能力或抵抗力，而適應就業環境變化的這一種能力，我們稱之爲「學力」。學力包含了以下幾個面向：

◎ 問題解決能力
◎ 英文能力：表達能力
◎ 財務分析能力：觀察分析能力
◎ 職涯規劃能力：規劃能力
◎ 專案管理能力：管理能力

上面這些事，其實不用我們來說，大家也都知道，因此這並非本書的重點，本書的重點是在讓大家透過一種思考程序去進行自我思考，靠自己的力量去找出將上述這些能力徹底落實在自己生活中的方法，靠自己的能力去找出運用這些能力解決實際問題的方法。

2

一隻拿食物的手

系統思考與問題解決能力

楊朝仲、文柏

有個人不小心被獵人用弓箭射中屁股。急診室醫生看了之後說，這必須送到外科去，於是他被推進外科病房，外科醫生二話不說，就把他屁股上露出來的箭給鋸掉，然後說，剩下的是內科的事，把他送去內科吧。

緒言

你的問題算是個問題嗎？

現在請靜下心來想一想這個問題：如果你現在被情人拋棄，你痛苦嗎？想好了沒？面對這個問題，大部分人的答案應該都很肯定，那就是痛苦。接下來，請再想一下其他這兩個問題。第一、如果你預知在兩個月後會跟你所瘋狂喜愛的男、女明星相遇，並且成爲情侶，你現在的情人要求跟你分手，你還會感到痛苦嗎？第二個問題，如果你預知在兩天後會中大樂透，你現在的情人要求跟你分手，你還會感到痛苦嗎？面對這兩個有趣的問題，你的答案還是一樣的肯定嗎？或許不會了吧。因爲後面這兩個問題把你的思考層面變廣泛了，在第一個問題裡，你的思考層面被問題侷限在眼前的事件裡，但後兩個問題卻不再是這樣，第二個問題把你思考的時間軸拉長，讓你把眼前的問題跟兩個月後的事情連在一起思考；第三個問題則把你的思考層面變得更寬，從感情面擴充到財務面。事實上，如果我們用較爲廣泛的角度去看待我們面對的問題，那麼一個問題或許就不再是你所認知的那樣了。

框架效應

框架效應是管理學上一個很有名的理論，是指你的思考範圍會被問題本身的文字與意義所限制，就好像上面我們所舉的例子一樣，後兩個問題分別顯現出第一個問題的框架。此外，或許有人會質疑剛才的例子很荒謬，因爲怎會有人能預知兩個月或兩天以後會發生的事。其實，這樣的一種質疑也就是一種跳脫出框架的思維，然而，當你在質疑上述問題時，可曾想過，有多少生活中的問題，是你曾經質疑過的，還是人云亦云地附和其他人的說法，並且在這個問題的框架下進行思考？例如因爲父母、老師認爲要唸大學才能找到好職業，所以你就把升大學當作問題來思考；因爲大家都說五子登科（銀子、房子、車子、妻子、孩子）才算好人生，所以你就把五子登科當作目標來思考。這些事，你質疑過嗎？如果本書的題目讓你質疑，那麼爲何其他人的話不曾讓你質疑？

批判性思考

講到質疑，我們再來說明批判性思考的意義。所謂批判性思考，就是要你跳出題目的框架，以新的思維去反省這個題目本身，以及你針對此一問題所找出的解答是否眞的能讓你達成自己的理想。我們用一個例子來綜合上面所說的各種觀點。現在請你想一個問題：胡雪巖是歷史上一位著名且成功的商人，政商關係一流，家大業大，請問你要如何像他一樣成功？面對這個問題，首先我們可以把觀察、思考的時間軸拉長，以便仔細研究胡雪巖的一生。我們會發現，喔～，原來胡雪巖最後似乎是家財散盡，投海自盡，於是，我們就會開始來質疑這個題目了，咦，他最後落得這種下場，可以用「成功」二字來形容嗎？想到這裡，你已經走出問題的框架，思考範圍已經不再被問題框架限制住，於是你可以進一步探討兩件事，第一、這個問題究竟是不是問題；第二、你想要的人生究竟是什麼，你又要如何才能過著想要的生活，胡雪巖顯赫又潦倒的一生，對你來說，眞的好嗎？

接下來，我們將介紹系統思考的方法，來提供你作爲質疑與批判的工具。

系統思考

系統思考的必要

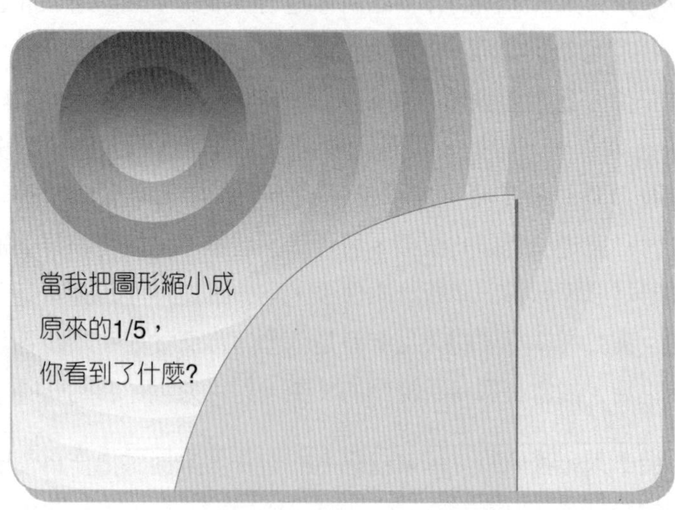

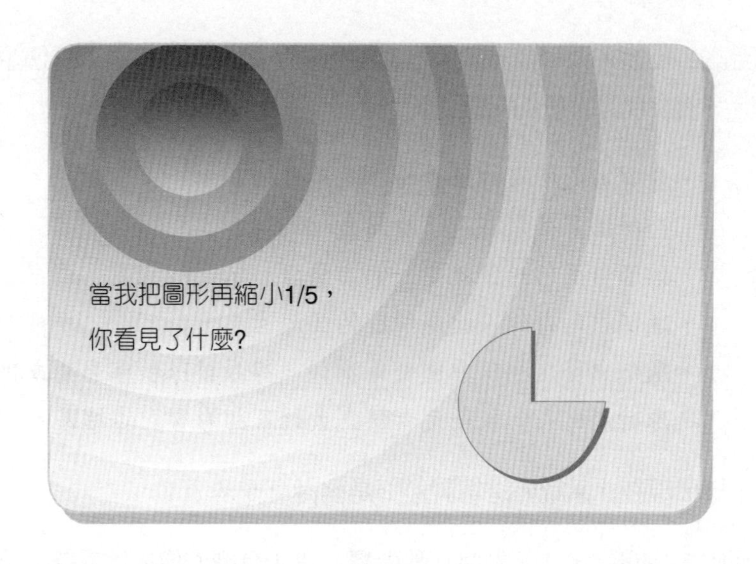

看完上面這三張圖，你會想到什麼？你是否瞭解了一件事，那就是我們觀察及思考事物的範圍、眼界，決定了我們所觀察及思考出來的結果。怎麼樣？這個答案很簡單吧。不過，這樣一件即便我們不說，大家也都知道的事，其實裡面包含了一個很重要卻又很困難的問題，而這個問題我們或許可以再次借用前行政院劉兆玄院長曾經說過的話來加以說明：錢不是問題，問題是我沒錢。的確，我們觀察及思考事物的範圍、眼界決定了我們所觀察及思考出來的結果，這樣簡單的一句話並沒什麼問題，問題是，你要如何調整你的眼界與思考範圍？是靠擲筊還是丟銅板？接下來，我們將利用本章節來跟大家一起討論如何調整觀察事物的眼界與思考的範圍。

首先，我們要討論系統（System）一詞。所謂的系統，就是一個組成元素間彼此糾結、長時間不斷互相影響，並且朝著共同目的運作的整體。這個字看似簡單，但其所衍生的涵義卻讓人產生敬畏與陌生感，對吧！不光你這樣認爲，其他人也有同感。

因此，筆者在大學授課時，最喜歡用「排隊買票看電影」這個生活案例來解釋系統的定義爲何。

- 看電影是所有排隊者的「共同目的」，
- 而排隊買票需要花「時間」，
- 排隊形成的隊伍就是一個「整體」，
- 隊伍中的每個人就是組成的「元素」，
- 隊伍中發生插隊與衝突等事件，導致排隊秩序紊亂或排隊時間冗長，就是元素間「彼此互相影響」的結果。

怎樣，現在「系統」這個詞是不是變得可愛多了！

因此「時間」、「元素間互動影響」與「目標」便成爲系統描述時最重要的三個關鍵點，亦爲進行系統思考時的主要核心思維。所以我們可以更簡單將系統定義爲想要達到預定目標（或功能）的整體，其內部組成元素會隨著時間進行互動與影響。如：呼吸（消化）系統就是要在一段時間內，藉由身體中相關的器官彼此進行互動才能順利完成呼吸（消化）的功能。

看完上面的例子，你應該對於系統這個概念有了大致上的認識，接下來我們不妨想一想，你所身處的社會是不是一個系統，你工作的單位算不算一個系統。如果你已經透過我們剛才所舉的例子瞭解到何謂系統，那麼我想你的答案應該是肯定的。現在我們可藉由以下的故事來闡釋系統的概念：有一個人因爲過於肥胖，以至於在野外被獵人誤認爲是一頭野豬，用弓箭射中了屁股。後來，他被送到醫院急診室去治療，急診醫生看了一眼之後表示，病人必須送到外科去，於是他又被推進外科病房。外科醫生來看過之後，二話不說地就把他屁股上那半截露出來的箭給鋸掉，然後冷冷地說，剩下的是內科的事，把他送去內科吧。其實這是一個老掉牙的笑話，旨在凸顯一個人的思維狹隘，明明是一件需要整體考量的事情，卻分開來處理。不過，在我們的現實生活中卻是不斷地上演，而主角則是我們每一個人。就像剛才所說的，我們所處的社會及工作單位其實都是一個系統，而且是一種類似人體的複雜動態系統，也就是一個組成分子性質多元，且狀態隨時都在變動的系統，但我們大多數人在思考類似就業這類與社會或公司狀態息息相關的問題時，卻沒有從系統的角度出發來進行思考，於是我們就跟故事中的外科醫生一樣，眼光只及於眼前可見的少部分層面，導致只能想出諸如鋸箭此類的可笑方法。

看到這裡，或許有人會說，如果我們在思考這些問題時，都必須從系統的角度來看，那豈不太費事了。沒錯，這的確費事，但這是一個風險與機率的問題，你可以不要這樣做，不過這樣一來，你就必須負擔較大的失敗風險。《孫子兵法》裡有一句話是這樣說的：**「夫未戰而廟算勝者，得算多也」**。這句話的意思是說，誰能在戰前將更多種因素綜合並放在一起計算，誰的勝算就大。

或許又有人要問，一個系統裡牽涉的知識領域太過廣泛，我們又不是天才，怎麼可能完全知曉這些知識。這是個不錯的問題，不過，我們要說的是，沒有人需要完全通曉一個系統裡牽涉的全部知識，才能從系統的角度出發來進行思考。所謂的系統思考其實就是一種觀念，一種要你擴大觀察事、物眼界與思考範圍的觀念。物理學上有一個原理叫作「測不準原理」，它的意思是說我們永遠不可能同時準確測到某些成組的物理量（例如位置與動量），然而這樣的不準確並沒有影響到物理學在大家心中的重要地位。此外，大家或許曾在不同的時間及場合聽過「蝴蝶效應」（Butterfly Effect），這是近年來相當廣爲人知的一個名詞，它的起源來自於一位氣象學家艾德華・羅倫茲（Edward Lorenz）[1]，這位氣象學家在使用電腦程式進行長期天氣預測工作時，發現他如果將所有輸入程式的數據一律從小數點後第六位改爲小數點後第三位，預測結果將與輸入數據爲小數點後第六位時完全不同，這個現象讓他大爲驚訝，並且發現即便是一個非常微小的變化，也可能透過時間對一個系統產生巨大的影響，就像一隻蝴蝶的一次翅膀輕拍，雖然微小而不引人注意，卻很可能在一段時間後，透過一串連鎖反應而在某地引起風暴。這樣的發現其實代表著我們不可能提出絕對正確的天氣預測，因爲不管是取到小數點後幾位，我們都無法知道被省略的部分是否會帶來截然不同的預測結果。然而在當今社會，我們並沒有看到氣象學或天氣預報因此被忽略，每天打開電視，天氣預報仍是新聞節目不可少的一部分，因爲縱然無法百分之百正確，現代人在做許多決定的時候，仍然必須依賴天氣預報，而因它不準確所帶來的損害也還是可以容忍的[2]。我們舉出這兩個例子，是要告訴大家，你用系統觀來思考，並不代表你必須具備所有系統內牽涉到的學問，縱然你手中僅有少許資料或知識，且未必完全正確，你仍然可以從系統的角度出發來進行思考。說到這裡，我們又要再次借用《孫子兵法》裡「夫未戰而廟算勝者，得算多也」這句話。剛才說過，這句話是形容誰能在戰前將更多種因素綜合並放在一起計算，誰的勝算就大。事實上要不要從系統的角度來看事情，除了是一種風險管理的觀念外，也是一種比較的觀念，什麼是「更多」，對三來說，五就是更多，但對五來說，七才是更多，因此

1　Michael C. Jackson 著、高飛及李萌譯，《系統思考——適於管理的創造性整體論》（*System Thinking: Creative Holism for Managers*）（北京，中國人民大學出版社，2005）。

2　同註1。

我們並不是要你一定要具備某些知識才能進行系統思考，因爲人的智能本就有限，而是要告訴你，大體上來說，想得多總比想得少要好。

系統思考解決問題的步驟與方法

其實上面這些道理，我們不說，大家也都知道。誰都知道自己不可能無所不知；誰都知道必須借重別人的經驗與知識；誰都知道想得多比想得少要好。但問題是要如何做、要如何在面對問題時落實這些道理。對於這些問題，我們試著提出以下的步驟與方法（如圖 2-1 所示）。

● 步驟一 ····▶ 發現問題

這一步驟很簡單，就是先把可能的問題寫下來，接著盡力找出你能夠發現的相關資料來進行初步分析，如：分析調查的問卷，或將資料利用圖表繪製的方式來觀察其演變的趨勢（如：將你歷次各科考試成績繪成曲線變化圖後，可能會發現數學和英文有分數不斷下滑的現象），以判斷問題的存在性與嚴重性。

● 步驟二 ····▶ 定義問題與利害關係者

在這一步驟裡，除了確切定義我們要解決的問題之外（如：雖然數學和英文均有分數不斷下滑的趨勢，但是數學成績仍在及格之上，而英文成績卻已下滑至不及格的地步，所以英文成績的及格即爲當下最迫切要解決的問題），我們也要試著去思考，有什麼人或組織跟我們這個問題會有利害關係。

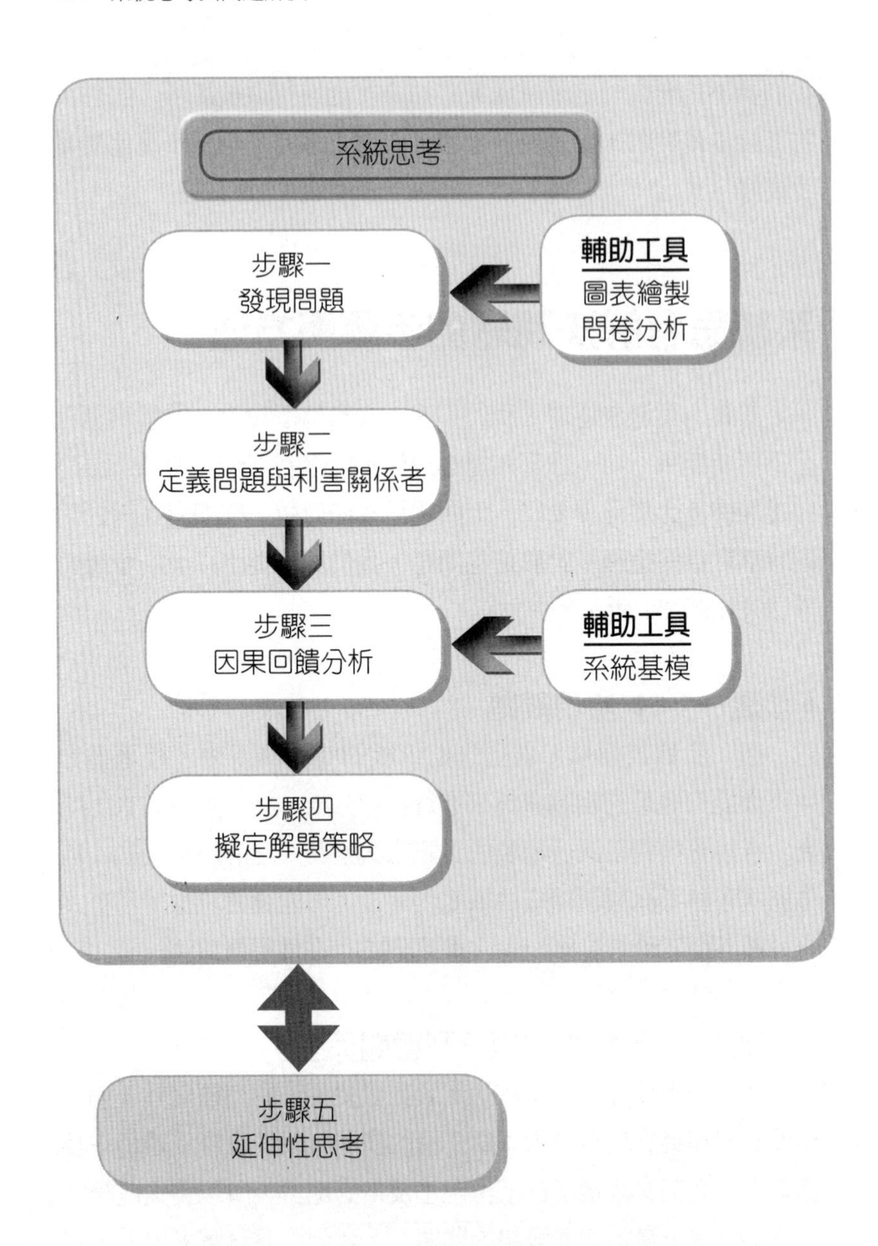

圖 2-1　系統思考解決問題的步驟與方法

● 步驟三 ····▶ 因果回饋分析

上一節曾提到「時間」、「元素間互動影響」與「目標」爲系統描述時最重要的三個關鍵點，亦爲進行系統思考時的核心思維。其中「時間」與「目標」的觀念容易瞭解，但是「元素間互動影響」卻不易聯想。要有效地瞭解「元素間互動影響」的方式與特性，就得介紹三個重要的觀念，即「因果關係」、「因果回饋關係」與「時間滯延」。

因果關係

我們在日常生活中，常會用到「因果關係」一詞，這四個字大家都知道是什麼意思，任誰都會寫，但如果要你用畫的，大概就有點問題了。爲什麼要用畫的，我們稍後再來討論。現在，我們先來說明一下要怎麼畫因果關係。因果關係可定義爲兩個變數間之正向或負向關係。正向即爲一方數量增加時，另一方數量亦會同時增加；或一方數量減少時，另一方數量亦會同時減少。負向即爲一方數量增加時，另一方數量亦會同時減少；或一方數量減少時，另一方數量亦會同時增加。這樣的因果關係，我們可以用箭線（Arrow）來表示，箭頭起點表示影響變數，箭頭終點表示被影響的變數。若兩者爲正向變動關係，則以「+」號表示。若兩者爲負向變動關係，則以「-」號表示。以下我們將用工作、休息及疲勞度說明（詳見圖 2-2）。

在圖 2-2 中，我們可以看到工作量大，疲勞就增加，兩者之間呈現正向因果關係；而當休息增加，疲勞就減少，於是兩者間呈現負向因果關係。

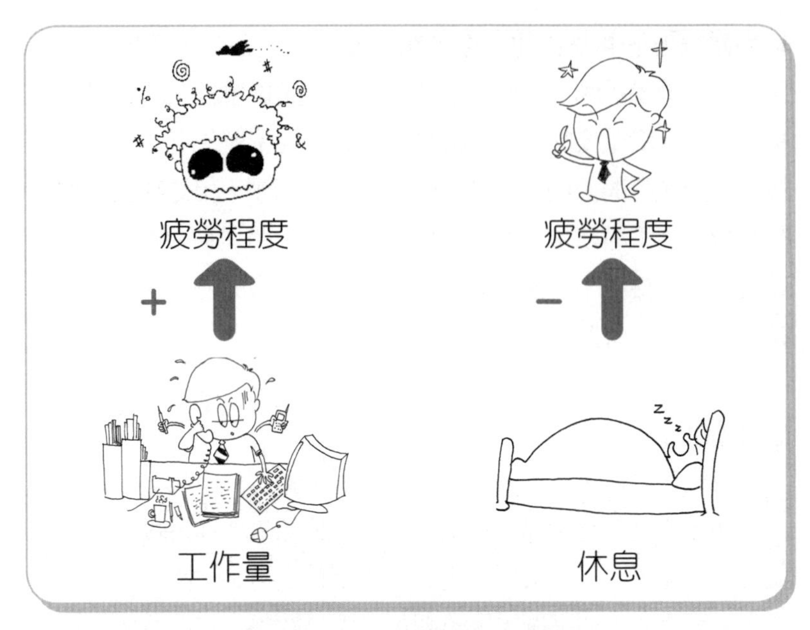

圖 2-2 因果關係示意圖

在這裡，我們要說明一下為什麼要用畫圖的方法來呈現因果關係。英文及中文裡「主詞→動詞→受詞」的直線式句子結構，讓我們在日常生活中描述景況或表達意見時，往往是以直線思考的方式在進行[3]，其實這會有點問題，有什麼問題，在此我們先賣個關子，你如果願意繼續往下看，就能在不久之後找到答案。為了瞭解這個神祕的問題，一位麻省理工學院的教授想出了用圖來展現因果關係的方法[4]。其實，這位教授並不是唯一用圖來展現因果關係的人，只是，他的方法和其他人最大不同處，就是接下來我們要談的一個很重要的觀念——因果回饋。

---

3 楊朝仲、張良正、葉欣誠、陳昶憲、葉昭憲著，《系統動力學》（臺北，五南圖書出版股份有限公司，2007）。

4 同註 3。

因果回饋關係

我們常聽人說「因果循環，報應不爽」，這句話指的就是因果回饋。當變數間的影響關係形成一封閉的環路，亦即某一變數同時爲影響變數，也是被影響變數時，則形成一回饋環路。而回饋環路的性質則需由環路中的「+」、「-」號的總合決定，當環路中全部爲「+」號或「-」號總數爲偶數時爲「正回饋環」（Positive Feedback Loop），如圖 2-3 所示。當環路中「-」號總數爲奇數時爲「負回饋環」（Negative Feedback Loop），如圖 2-4 所示。

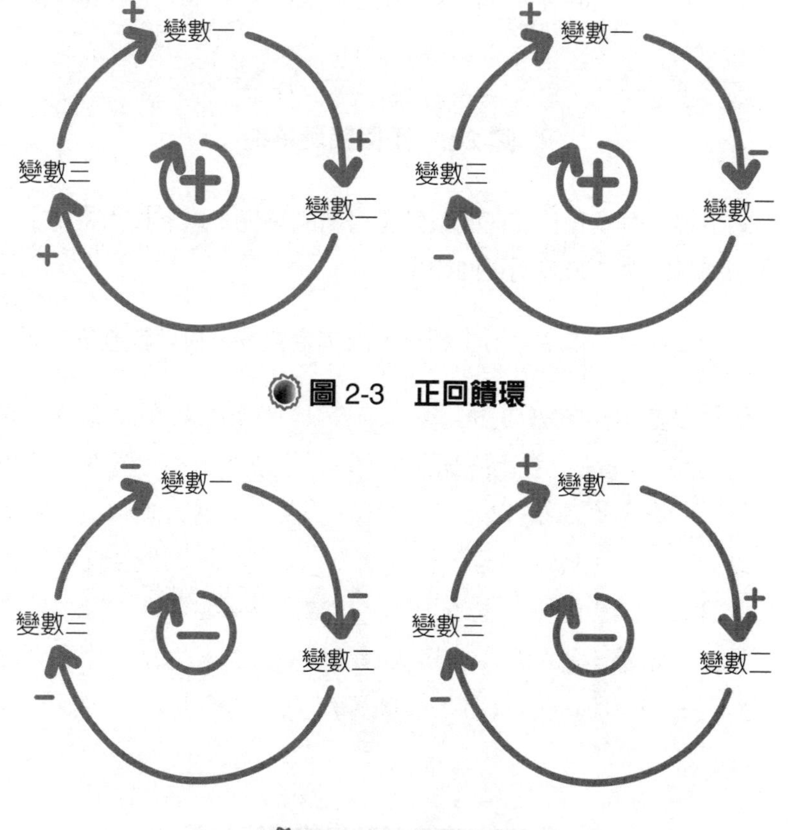

圖 2-3 正回饋環

圖 2-4 負回饋環

正回饋環的特性是，環路內的系統狀態會隨著時間呈現持續性成長或持續性衰退，亦即數學上所謂的「發散」，其系統行爲如圖 2-5。

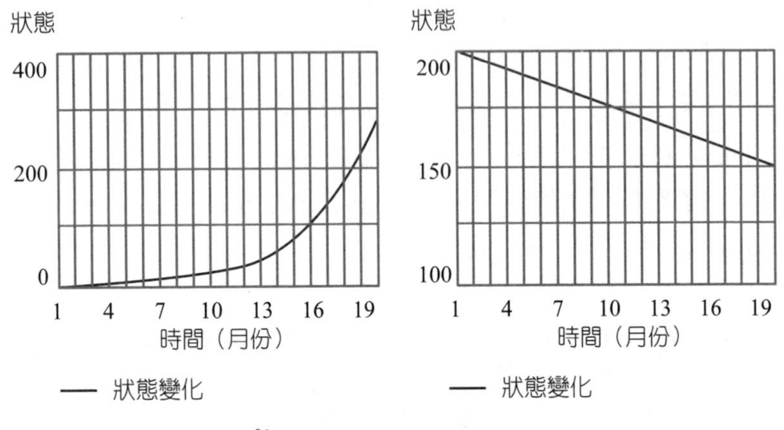

圖 2-5　正回饋環特性

看到這裡，有沒有一種在閱讀外星書籍的感覺？以下我們將用本金和利息的例子來說明正回饋環。

圖 2-6 中，本金會衍生利息，故本金愈多，利息就愈多，而

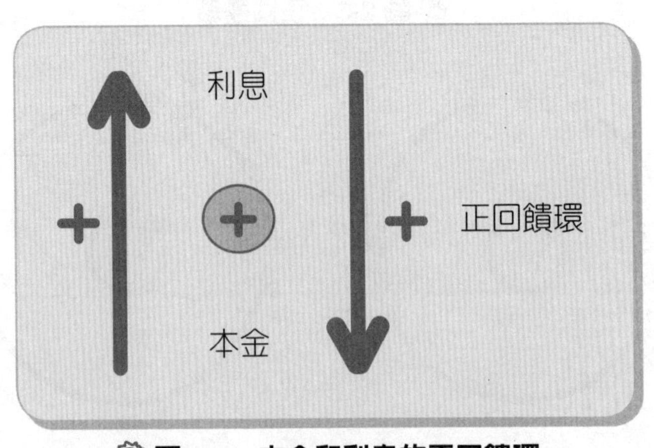

圖 2-6　本金和利息的正回饋環

利息又會回過頭來滾入本金，所以隨著時間持續，本金將會累積得愈來愈多，這種錢滾錢的行爲就是典型的正回饋。

負回饋環的特性是，環路的系統狀態隨著時間呈現漸近線型態的成長或衰退，最後趨近於目標，亦即數學上所謂的「收斂」，其系統行爲如圖 2-7。

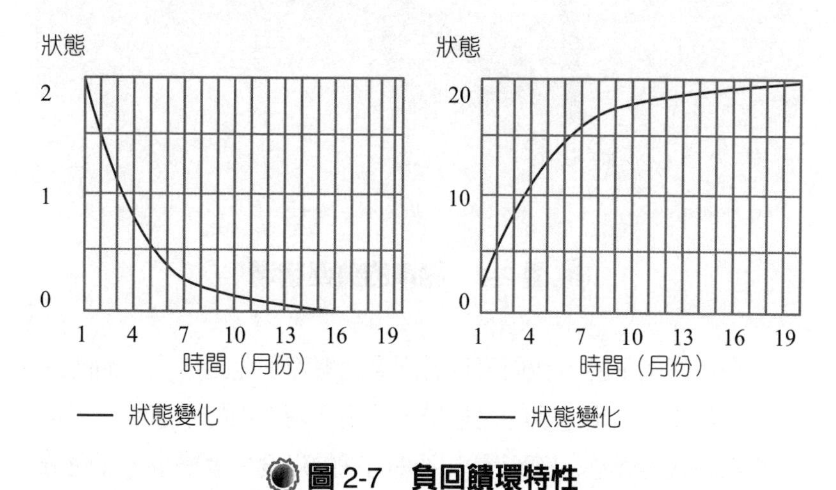

圖 2-7　負回饋環特性

以下我們同樣用一個簡單的開車例子來說明負回饋環。

如圖 2-8，當你行駛在高速公路上，車速又離速限還有一大段距離時，通常會遭遇到一種情形，那就是後面的車子一方面按喇叭，一方面加閃燈來警告。此時，我們通常都會用猛踩油門的方式來回應別人禮貌性的問候與關心。這時，狀況就發生了，當我們猛踩油門的時候，車子的速度變快了，車速與速限之間的差距也因此跟著變小了。在這驚險的時刻，如果你還算是一位有良知或懂得懼怕罰單的人，你就會放鬆踩油門的力道，甚至馬上狠心地拆散「腳跟油門」這對情侶，於是車速又立刻變慢了。

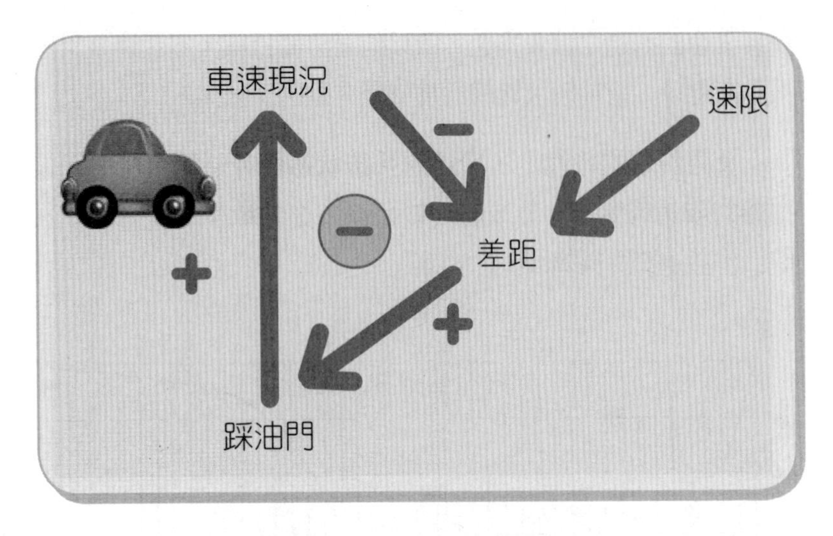

圖 2-8 **開車的負回饋環**

在這個例子裡，我們可以看到車速與速限差距愈大，油門踩的程度就愈大，車速也隨之愈快，於是下個時刻的車速跟速限之間的差距就會變小，差距變小則油門踩的程度也會變小，而隨著時間的持續進行，車速將會愈來愈接近速限（趨近於目標）。

時間滯延

「時間滯延」的觀念有必要作一解釋，我們可以將其與前面兩個步驟綜合討論之。以下我們將用一個例子來彙整示意上面三個步驟：

這是一個爭奪男友的案例，起初是因為女友感到男友有些異常，於是她開始採取一些行動：

1. 發現問題

她經過多日的跟監埋伏，發現了她男友身邊出現一位身材火辣曼妙的女子，她因此認爲男友的異常可能來自於這位女性。

2. 定義問題並分析利害關係者

此時她可以假設感情出現危機，將問題定義爲如何挽回男友，同時分析一下與此一問題有關的利害關係者爲誰（例如這位身材火辣曼妙的女子）。

3. 因果回饋分析

假設這位女性決定採取斷然措施來解決問題，那麼不妨可以這樣設想（如圖 2-9 所示）：

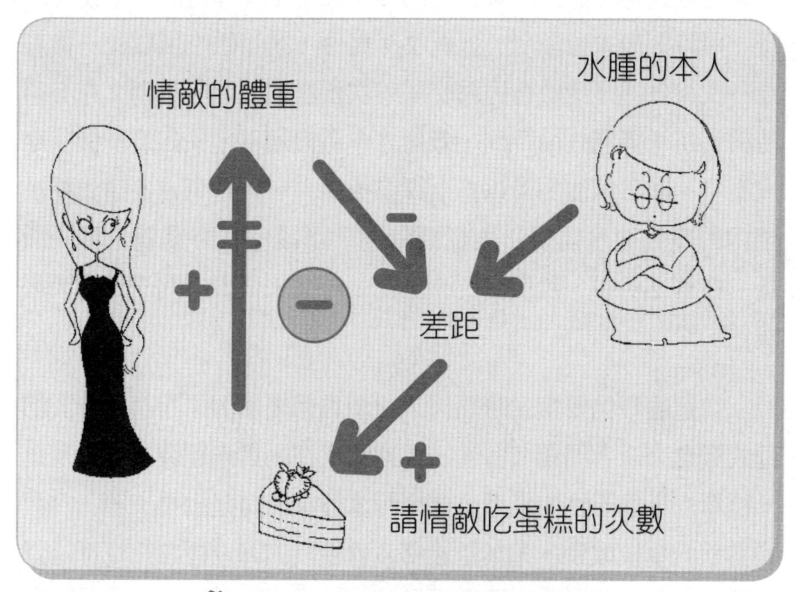

圖 2-9　爭奪男友的負回饋環

她應該認識這位女性情敵，並且花大錢帶她享用美味好吃的蛋糕，長此以往，這位情敵的火辣身材可能就會在不知不覺間消失了。

在上述圖形中，我們可以看到什麼是因果回饋的分析，所謂因果回饋，就是系統中的一個元素發生變動後，這個變動會透過其他系統內元素的傳遞，而以不同的形式再度回到這個最初發生變動的元素身上。由圖可知，情敵的身材與正牌女友的身材之間會產生一個差距，而這個差距會使得正牌女友請情敵吃蛋糕，吃完蛋糕之後，情敵的身材就會產生變化，於是情敵與正牌女友的身材差距就會減少，然後正牌女友請吃蛋糕的次數就可以開始減少。

介紹完因果回饋，接著我們就要來討論「時間滯延」，所謂時間滯延就是一個措施會產生的效果往往不是即時的，它需要經過一段時間後才會顯現，以圖 2-9 為例，請情敵吃蛋糕此一措施會一次見效嗎？情敵會因為吃了一次蛋糕就開始發福嗎？你必須持續，這樣經過一段時間，效果才會慢慢顯現。又如前一個開車的案例，雖然踩油門可以馬上踩得很用力，但是車速要達到踩油門相對應的速度需要一段反應時間，這段反應時間就是時間滯延。在圖 2-9 中，我們用「||」此一符號來代表時間滯延的因果關係。

在這裡我們要撥點時間再來說明為何要用因果回饋與時間滯延的觀念來思考問題。當前的社會大衆在面對問題時，往往是以一種單向、直線性的思考方式來尋求答案，這是因為：第一、我們當前的學校教育，尤其是義務教育階段的課堂授課往往都是以老師教、學生聽，此一單向教導的方式進行，考試也通常是以寫入標準答案方能得分的方式為之，這其中雖然可能有其不得不如此的原因，但卻也使一般人容易形成「問題→老師所教的標準答案」此種單向思考的習慣[5]；第二、英文及中文裡「主詞→動詞→受詞」的直線式句子結構，讓我們在日常生活中描述景況或表達意見時，往往是以直線思考的方式在進行[6]；第三、以往從西方自然科學研究中發展出來的分門別類式分析方法，使得人在面對問題時，習慣將問題分爲數塊並分別作縱向的深入。

- 單向、直線式的思考方式本身並沒有什麼不好，它本身只是一種思考方式，是中性而不帶有任何價值判斷的。不過如果我們在不知不覺中把它當作面對問題時的主要思考方式，恐怕就會有點問題，因爲這種思考方式容易使人只是直線式地向前看，將眼光停留在眼前可以觀察的事物上，並引導出治標不治本、見樹不見林的意見與想法。

舉例來說，2005 年 8 月間馬莎颱風侵襲台灣，造成桃園地區大停水，部分經濟部官員及台灣省自來水公司董事長因而去職。當時的政府官員及報章媒體，均將此一事件之發生原因歸於以下四件事：第一、自來水公司人員欠缺應變能力；第二、政府官員及水公司人員錯估情勢，以致淨水廠無法應付突如其來的高濁度水庫水；第三、水庫上游濫墾濫伐導致水庫淤積嚴重；第四、水庫未按時清理淤積。於是，許多檢討改進的建議紛沓而至，有人要求政府每年編列預算進行一次耗費上億的清理水庫淤積作業，有人要求加強淨水設施，有人則要求改變水庫上游生態環境，將上游果農強制遷離，不一而足。

- 不過，事實是否眞的就是如此？其實不然，如果我們將時間因素列入考慮，並且在「水源→水庫→淨水廠」此種直線式的思

---

5 楊朝仲、張良正、葉欣誠、陳昶憲、葉昭憲著，《系統動力學》（臺北，五南圖書出版股份有限公司，2007）。

6 同註 5。

考外，以因果回饋的方式對「整體」水資源的利用進行思考，我們就會發現其中有些耐人尋味的事情。

1961 年間，政府爲解決農田灌溉用水問題，興建了石門水庫，然而該水庫的設置原本是爲了儲蓄水質要求並不高的農業灌溉用水，加上政府希望能儘量增加取水量，因此水庫出水口的位置高度在設計上會比以儲蓄飲用水爲目的水庫還低（一般儲蓄民生用水的水庫，爲確保水質，都會將取水口設計在較高的位置，以避免汲取到水庫底層與淤積泥沙混在一起的濁水）。但是後來北部地區人口激增，民生用水不敷使用，政府爲便宜行事，而在石門水庫下游送水渠道另接管線，將原本專用於農業灌溉用的石門水庫水接送至自來水淨水廠。雖然政府以極低成本及時解決了民生用水匱乏問題的作法在當時看起來完美無瑕，但是可怕的後果卻發生於三十年後。三十年後的 2005 年 8 月間，馬莎颱風侵襲台灣，豪雨使石門水庫上游的河川暴漲，並將巨量泥沙帶進石門水庫，同時透過低於一般水庫的取水口，石門水庫將最混濁的底層水送進了淨水廠，霎時，淨水廠遭受重擊，高混濁度的水庫水完全癱瘓了淨水廠的淨水設施，並因而導致桃園地區大停水。

從上述案例分析中我們可以得知，倘若我們是從因果回饋及時間滯延的觀點來觀察這件事，那麼能夠看見的將不只是輿論及官員在直線式思考下提出的意見及看法，還有三十年前政府爲解決民生用水問題而採取的便宜措施，在三十年後回過頭來影響到民生用水的後果。

透過上面這個例子，我們可以瞭解到，如果在思考過程中導入因果回饋與時間滯延等概念，將可避免產生治標不治本、見樹不見林的狹隘思維。

然而，我們要坦白說，在現實生活中導入這樣的觀念並不是很容易，因爲畢竟我們在受教育的過程中，都不曾受過這樣的訓練。也因此，如同之前所述，麻省理工學院的一位教授發展出本書所使用的這種圖示因果方法，方便大家跳脫出直線的思考。此外，也有很多專家從現實生活的各種問題中歸納設計出了許多可以幫助大家做如此思考的模型，供大家在解題思考時直接套用與修改[7]，而這就是我們下面所要介紹的系統基模（archetype）。

系統基模

系統基模是由創新顧問公司在 1980 年代中期發展出來的，是由不斷增強的正回饋環與反覆調節的負回饋環，及時間滯延的效應所建立起來的。系統基模代表我們日常所習見各種不同類型問題的簡化系統模型（如：引鴆止渴基模可用來描述策略施行後遺症發生的影響；富者愈富基模可用來描述資源分配方式的衝擊反應如何），使我們能從瞭解動態系統的基本特性開始，逐漸習慣對生活四周複雜性較高的諸多問題進行更深入與縝密的觀察與分析，並能以系統基模爲範本，推論自己所關注的實務工作問題[8]。以下將介紹八種系統基模，這些基模爲參考相關書籍[9]進行引用與修正或重新定義，並加入適當的生活案例解說。

1. 系統基模：持續成長

圖 2-10(a) 的因果回饋環關係由「系統當下的狀態」與「持續成長的要素」所建構而成的持續成長系統。當成長的要素加強

7　楊朝仲、張良正、葉欣誠、陳昶憲、葉昭憲著，《系統動力學》（臺北，五南圖書出版股份有限公司，2007）。
8　韓釗，《系統動力學——探索動態複雜之鑰》（華泰文化，2002）。
9　同註 7 與註 8。

時，會助長系統當下的狀態，狀態的提升將再成為下一階段要素增強的推動力，如此正向回饋的循環將使系統的狀態隨著時間持續的成長。圖 2-10(b) 為一持續成長的實例說明。當本金產生利息，利息又會滾入本金，而當本金增加，又會產生更多利息，隨著時間，本金將會累積得愈來愈多。

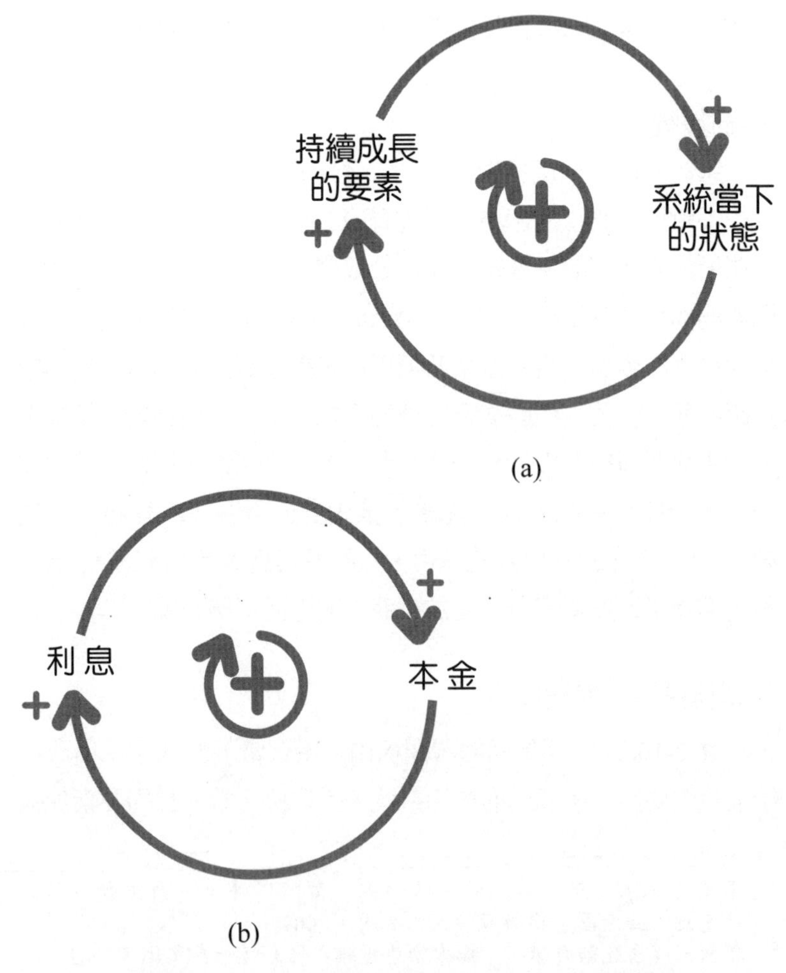

圖 2-10 持續成長系統基模之因果回饋圖

2. 系統基模：目標趨近

當系統設定了一個期望目標後，便會希望系統的表現能朝著此一目標邁進。若系統現況與理想目標有了差距時，會迫使我們採取適當的行動來改善，差距愈大，行動的強度就愈強，任何行動所造成的產出均會影響系統當下的狀態或表現。這樣的循環方式，將使系統現況隨著時間的演進而逐步趨近目標，亦為一負回饋環的行為特性（圖 2-11(a)）。圖 2-11(b) 為一目標趨近的減肥實例說明。當現在的體重與理想體重有一段差距時，我們就會開始運動，運動量愈大，消耗的熱量也就愈多，體重也就隨之減輕，與理想體重間的差距也就開始縮小。而隨著時間的持續進行，體重將會愈來愈接近自我設定的理想體重（趨近於目標）。

3. 系統基模：成長上限

圖 2-12(a) 為成長上限的基模架構，這是一個以持續成長基模（「系統當下的狀態」與「持續成長的要素」所建構而成）為基礎所發展出來的基模。當成長達到某種限制時，會啓動一負回饋環（當系統當下的狀態達到限制條件的容忍值，成長抑制的要素便會發生，使得持續成長的要素減弱或消失）。這種限制可能是資源的限制，或外部環境容忍度的干預。圖 2-12(b) 為一成長上限的實例說明。資本的投入可使工廠的規模擴張，而工廠規模的增加將再促使可投入擴廠的資本提高。當工廠規模擴張時，工廠污水的產生量也會增加；當工廠污水量達到汙染總量管制的上限要求時，擴張抑制的要素（如：對工廠開罰單等）便會隨著同步起動，進而減緩或停止後續再擴廠。

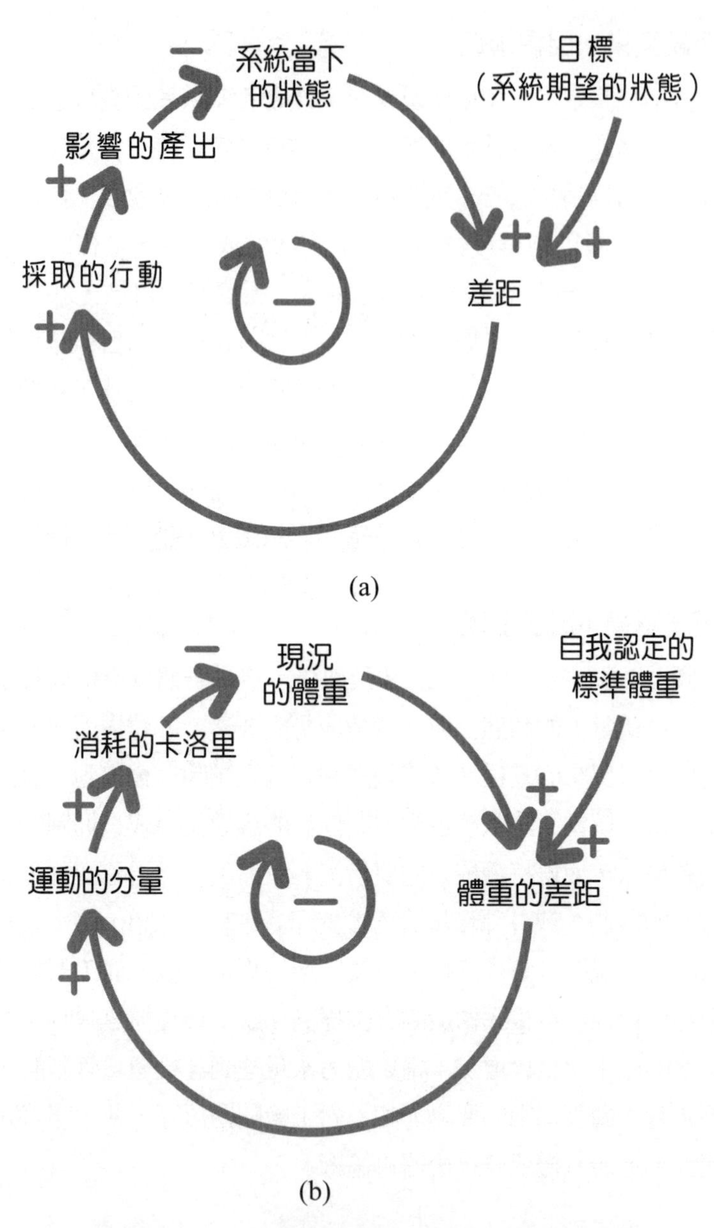

圖 2-11　目標趨近系統基模之因果回饋圖

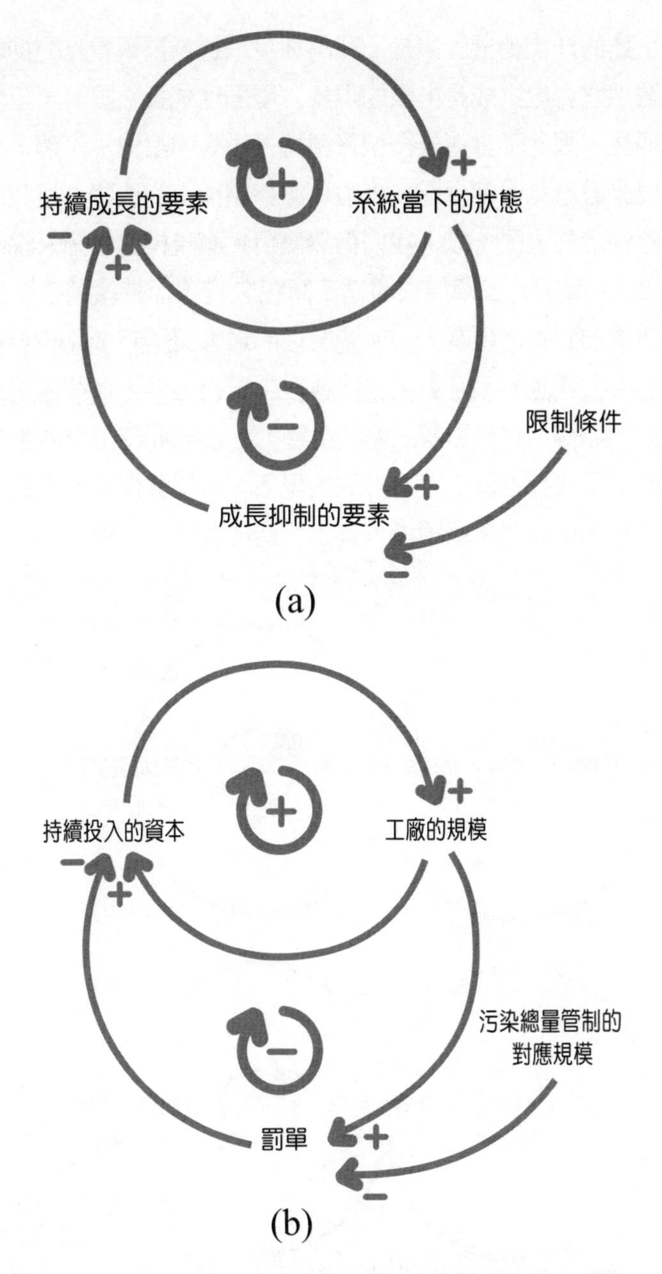

圖 2-12　成長上限系統基模之因果回饋圖（顯性）

上述的汙染總量管制是一種讓你可以透過罰單看見的抑制要素，雖然它會發生成長上限的現象（屬顯性成長上限），但因為你看得見，因此不會造成後續資源持續投入的浪費。不過，倘若抑制要素看不見，就會造成後續資源持續投入的浪費，這我們稱之為隱性成長上限。以下我們仍然使用工廠規模的案例來說明，如圖 2-13 所示。工廠規模因為不斷投入資本而持續擴張，但是當規模增加到接近現有人力所能管理的最大規模時，此時若不採取增加人力資源的因應對策，將會發生現有人力因負荷過重致使工作績效低落，進而影響工廠的生產力。由於此時不會產生有如上述的罰單或發生罷工等看得到的現象，來提醒你人力不足的問題，於是你可能還會繼續投入資本，造成資源的浪費。

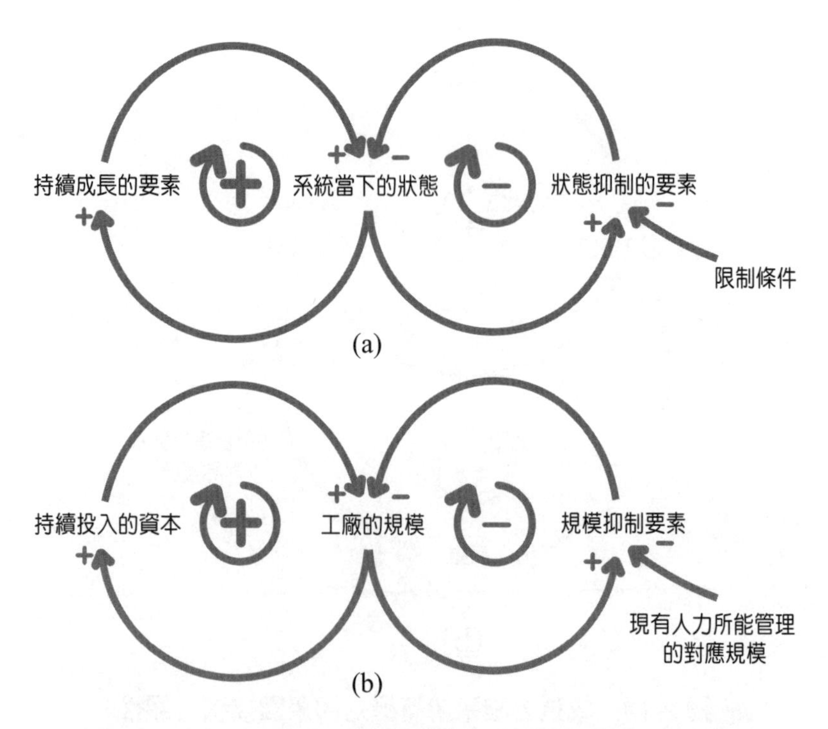

圖 2-13　成長上限系統基模之因果回饋圖（隱性）

4. 系統基模：消長競爭

消長競爭的基模核心架構主要由「系統當下的狀態」、「成長的要素」、「衰退的要素」所組成，如圖 2-14(a)，其中「系統當下的狀態」與「成長的要素」建構爲一持續成長的正回饋環。當成長的要素加強時，會助長系統當下的狀態表現，狀態的提升將再成爲下一階段要素增強的推動力，如此正向回饋的循環將使系統的狀態隨著時間持續的成長。而「系統當下的狀態」與「衰退的要素」建構爲一持續衰退的負回饋環。當衰退的要素加強時，會降低系統當下的狀態表現，狀態的下降會減弱衰退的速度，如此負向回饋的循環將使系統的狀態隨著時間而趨近於某一定值。由於這兩個迴路的效應在每一個時刻均會發生，所以系統最後顯現出的狀態爲其競爭後的結果。

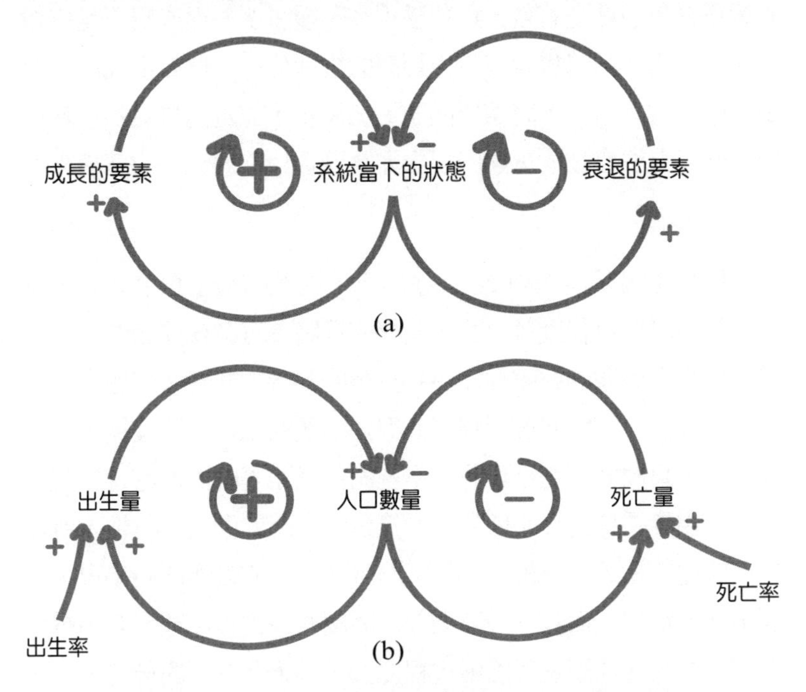

圖 2-14　消長競爭系統基模之因果回饋圖

人口問題即爲此一基模的代表性案例。圖 2-14(b) 表示出生量增加時，人口數量也會隨之增加，人口數量變多，則出生量也會提高。但是人口數量變多的同時，也會提高死亡量，死亡量增加將會降低人口的數量。當各時刻的出生量均大於死亡量時，人口數量隨著時間的推進，呈現出指數的成長，即呈現正回饋環的特性。反之，當各時刻的死亡量均大於出生量時，人口數量隨著時間的推進，呈現向 0 接近的趨勢，即呈現負回饋環的特性。

5. 系統基模：飲鴆止渴

當問題發生時，我們總是希望可以有一個對策能在短期內有效降低問題，這類的策略由於有速效，容易成爲決策者解題的偏好，而一再加以運用。經過一段時間後，決策者會漸漸覺得這類的策略在以前總是有效，爲什麼現在不靈了？然而未料正是這類策略的使用，同時也會衍生出相關的後遺症。因此長期而言，愈來愈嚴重的後遺症，將使原問題更加惡化，並可能會更加依賴這類策略而無法自拔。上述的現象非常適合用飲鴆止渴的基模來表達。

飲鴆止渴基模如圖 2-15(a) 所示，問題的嚴重程度愈高，具速效的策略施行程度就愈多，這樣的策略具有減緩問題的能力，進而使當下問題的嚴重程度得到具體的改善。此時「問題當下的嚴重程度」、「策略施行程度」與「問題的減低」將建構爲一負回饋環，負向回饋的循環將使系統的狀態隨著時間而趨近於某一定值。由於這樣的策略所帶來的後遺症有時間滯延的特性，所以初期問題的嚴重性會得到紓解，一旦後遺症的影響開始出現，問題不僅會增加，而且一段時間後，問題的嚴重程度甚至會超越原有的問題。「問題當下的嚴重程度」、「策略施行的後遺症」、

「問題的增加」與「時間滯延」將建構爲一正回饋環，正向回饋的循環將使問題的嚴重程度隨著時間不斷地增加。

美國醫學界之前濫用抗生素的情形，剛好可以利用這個基模來解釋，由於抗生素可以快速消滅細菌，因此之前在美國受到許多醫生的喜愛與依賴，只要是細菌感染就使用抗生素。如果細菌因此而產生抗藥性，就會加重劑量或進而研發更強效的抗生素，但這樣只求速效的濫用行爲，終於在近年來產生惡果，一些不怕任何類型抗生素的細菌開始危害人類。又如圖 2-15(b) 所示，每次感冒時均仰賴吃感冒藥來對抗病毒，長此以往，身體的抗藥性將會愈來愈強，而身體的抵抗力亦會愈來愈弱，抵抗力的下滑會導致身體愈容易被病毒所感染。

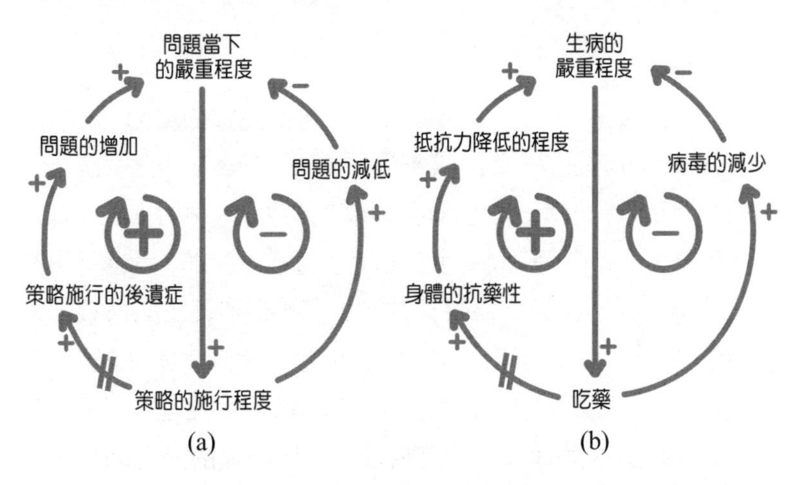

圖 2-15　**飲鴆止渴系統基模之因果回饋圖（ || 為時間滯延）**

6. 系統基模：目標侵蝕

目標侵蝕的基模定義為，當系統設訂了一個期望的目標後，便會希望系統的表現能朝著此一目標邁進。若系統現況與理想目標有了差距時，會迫使我們採取適當的行動來改善，差距愈大，行動的強度就愈強，任何行動所造成的產出均會影響系統當下的狀態或表現。但是若採取的行動到實際影響的產出之間，存在著一段時間滯延，將無法立刻見到系統當下狀態的改善。因此，面對差距的存在，調整目標的壓力也會跟著存在。此種壓力會迫使決策者降低目標，以獲得縮短目標與現況間差距的效果。上述的現象非常適合用目標侵蝕的基模來表達。

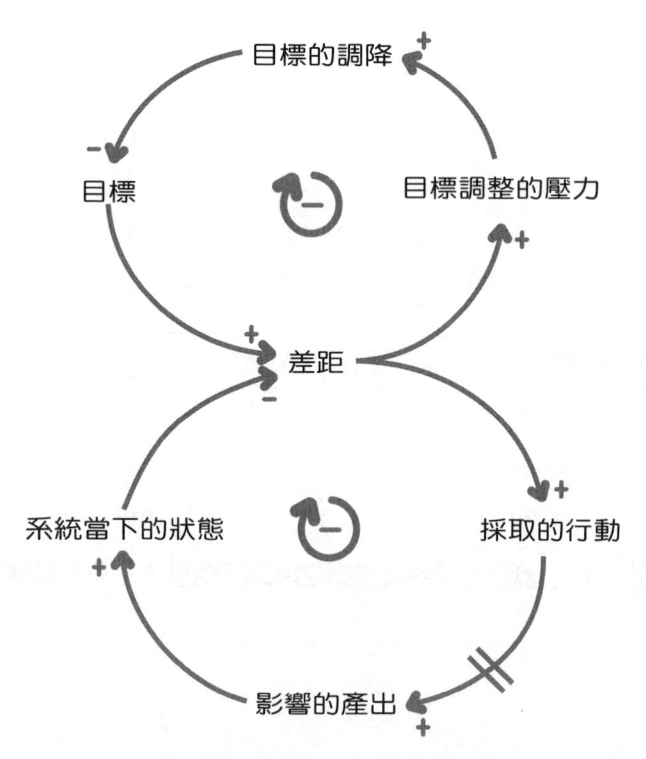

圖 2-16(a)　目標侵蝕系統基模之因果回饋圖（|| 為時間滯延）

目標侵蝕基模如圖 2-16(a) 所示，下方迴路爲目標趨近基模的修正，即在「採取的行動」到「影響的產出」之間增加時間滯延的效應。上方迴路爲「目標調整的壓力」、「目標的調降」、「目標」與「差距」所建構的負回饋環，負向回饋的循環將使目標隨著時間而不斷修正趨近於某一定值。

圖 2-16(b) 爲一目標侵蝕的實例說明，爲了達到都市防洪的目標，而不斷地加高堤防，堤防加高雖然能夠提高都市防洪的能力。可是堤防加高的工程需耗時三年（時間滯延的設定）才會完成，無法立刻讓都市防洪的能力得到改善。因此，面對差距的存在，調整防洪目標的壓力也會跟著存在。壓力愈大，防洪目標的

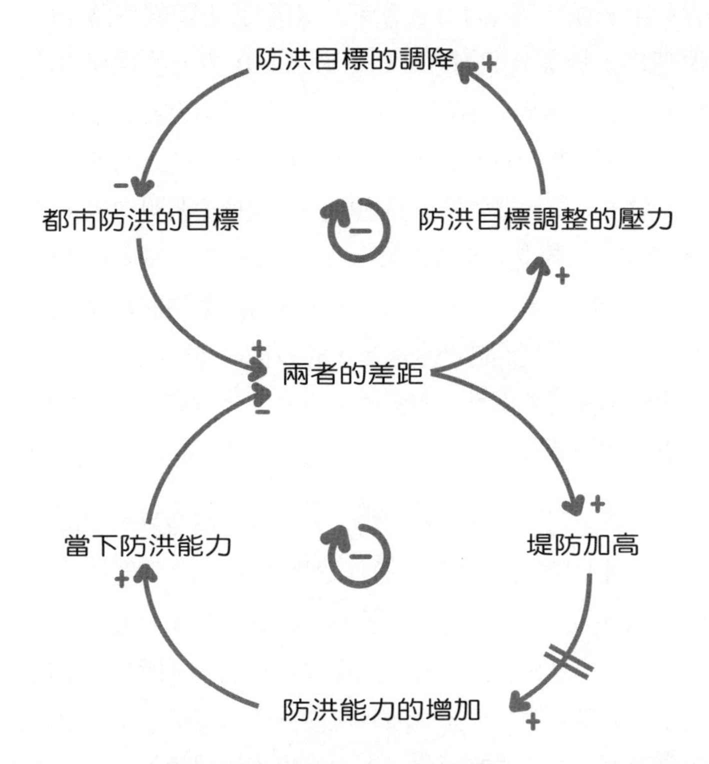

圖 2-16(b)　目標侵蝕系統基模之因果回饋圖（|| 為時間滯延）(續)

調降幅度就愈大，所以防洪目標會隨著時間而不斷降低，趨近於某一定值。

7. 系統基模：富者愈富

當資源分配的方式，是以規模大小作爲考量時，則會出現規模大者，擁有較高的優勢去爭取更多的資源。當有更多資源得以投入時，其規模將得以大幅的擴張，另一方規模小者則只能呈現緩慢的擴張。隨著時間的不斷推進，累積的效應將造成彼此規模差距愈來愈顯著，導致大者恆大的現象發生。上述的現象非常適合用富者愈富的基模來表達。

富者愈富基模如圖 2-17(a) 所示，由兩個正回饋迴路所組成，其原理爲：資源分配的原則爲參考 A、B 兩方的規模來決定，規模愈大者，得到的資源愈多。A 分配到的資源即爲 A 當下可投入的資源，B 分配到的資源即爲 B 當下可投入的資源，資源投入得愈多，規模擴張的效益愈明顯。規模擴張得愈大，愈有能力爭取到下一階段更多的資源。圖 2-17(b) 爲一富者愈富的實例說明，政府補助金的分配是以 A、B 兩方工業區的規模來決定，規模愈大者，得到的補助金愈多，愈多補助金的投入，將使工業區的規模擴張得愈厲害。規模擴張得愈大，愈有能力爭取到下一階段更多的補助金。

除了公司與公司間對外部資源的爭奪外，一個公司內部也可能發生富者愈富的情形，像是各分店之間對人力的爭奪就是一例，如圖 2-18 所示，分店績效愈好，向總公司爭取人力支援自然也就愈容易，但是由於內部的人力資源是有限的，所以總公司會將績效差的分店調撥其人力到績效佳的分店來支援，所以績效差的分店會產生人力流失的現象，人力流失將使績效差的分店在下一時刻的績效更差，而更差的績效會使其原先人力流失的問題更加嚴重。

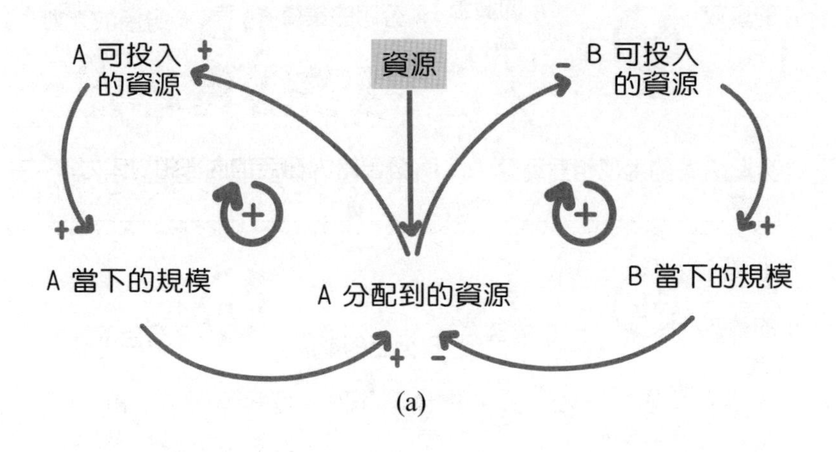

(a)

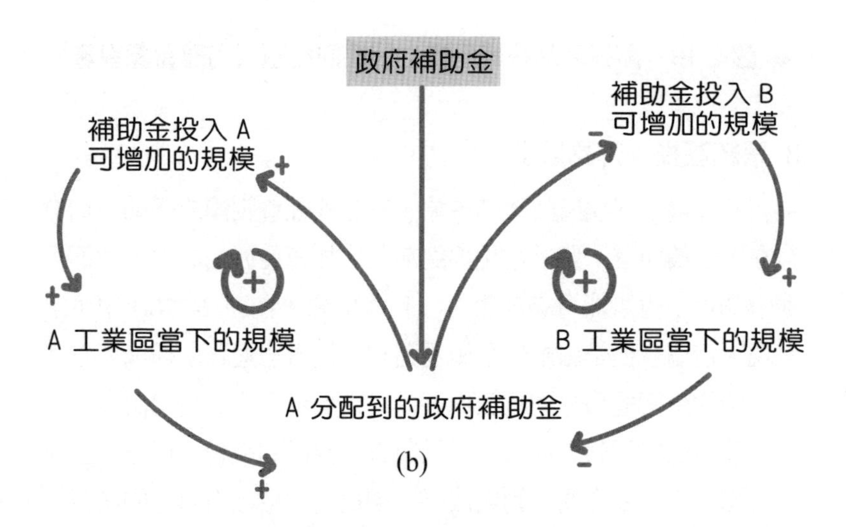

(b)

圖 2-17　富者愈富系統基模之因果回饋圖（外部資源爭取）

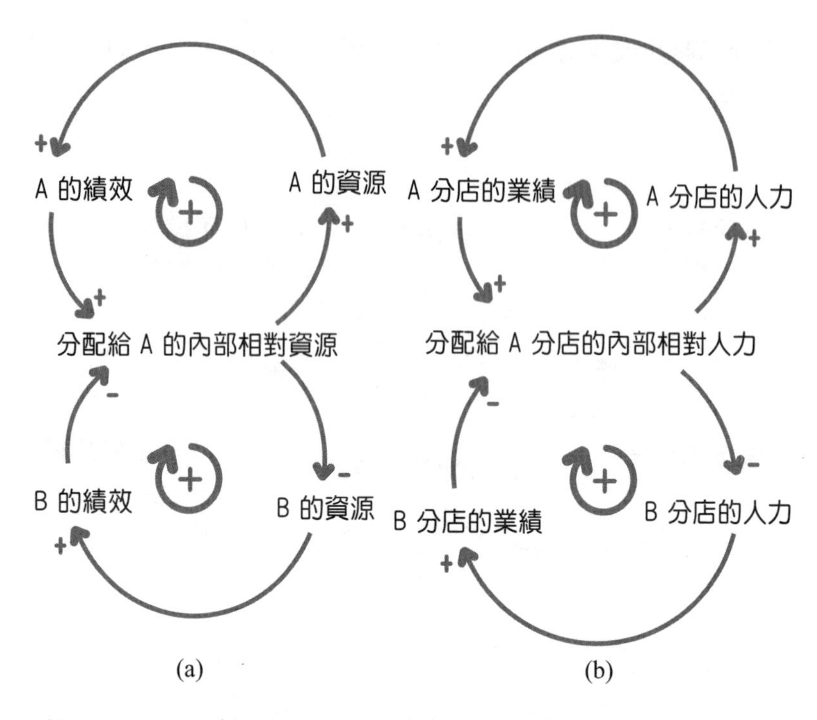

圖 2-18　富者愈富系統基模之因果回饋圖（內部資源爭奪）

8. 系統基模：升高競爭

升高競爭基模所陳述的現象，在各種社會團體或組織中均會存在。一般而言，競爭常是促進演化、加速發展的動力。然而，競爭過程中也可能會造成對立、耗費資源。在圖 2-19(a) 中可以發現，這個基模是由兩個平衡迴路和一個增強迴路所構成。左邊與右邊的平衡迴路分別代表甲、乙二人均從自己的立場出發，企圖藉著自己的行動與成果，降低對方對自己的威脅。但是，在另一方面，甲乙雙方的行動與成果，卻提高了自己對對方的威脅，因此也導致了對方採取更進一步的因應行動，以強化其本身的力量來降低自己所受到的威脅。由於雙方均因對方實力增長而不斷投入資源，以持續增強自己和對方進行對抗的基礎，遂形成了圖2-19 中間的增強迴路，而使競爭持續升高。圖 2-19(b) 的美蘇軍備競賽即為升高競爭的例子，由於美蘇兩方均害怕對方的國防戰力超越自己，而不斷地製造武器來降低對方對自己所產生的國家安全威脅。長此以往，這種恐怖式的平衡將使兩國的國防戰力持續地成長，但是國防戰力的成長將會嚴重衝擊到國內民生經濟的預算與發展。

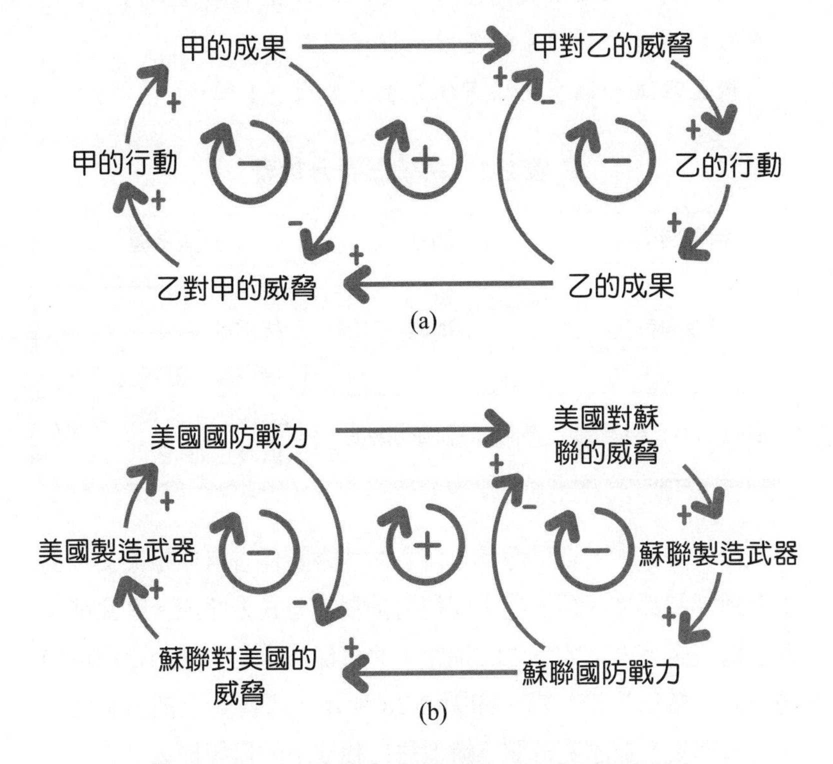

圖 2-19 **升高競爭系統基模之因果回饋圖**

● 步驟四 ····▶ 擬定解題策略

我們利用以下的例子來說明如何在因果回饋分析後擬定解題策略。

許多家長都會把孩子送去補習，希望成績能更好，然而這樣的思維一定是對的嗎？我們來看看：

- 首先，我們來發現問題，也就是英文不好。
- 再來，我們將問題定義爲如何學好英文，接著進行利害關係者的分析，以瞭解與利害關係者之間產生的議題爲何，並思考可以用什麼樣的系統基模來描述這些議題。
- 最後整理成一個系統思考分析表，如表 2-1 所示。

表 2-1　系統思考分析表

利害關係者	議題	系統基模
自我與英文	補習	目標趨近 ⟶ 目標侵蝕 ⟶ 目標侵蝕＋飲鴆止渴 (1)
自我、英文與老師	補習＋老師的態度	目標侵蝕＋飲鴆止渴 (1) ＋飲鴆止渴 (2)

在表 2-1 中，對我而言，核心的利害關係者自然是英文，爲了得到好的英文成績，我選擇利用補習的方式來達成。因此補習就成爲我與英文之間發生的議題，而這樣的議題非常適合用目標趨近的系統基模來詮釋，如圖 2-20 所示，即直覺上補習會使英文成績進步，並隨著時間不斷地往自我要求的目標接近。

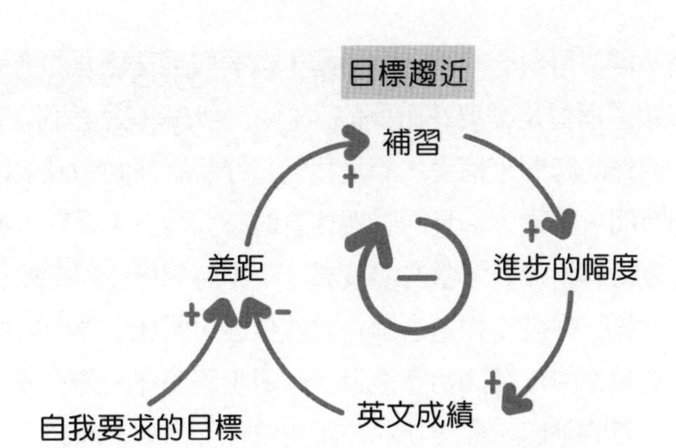

圖 2-20　**補習的目標趨近因果回饋圖**

然而，英文成績的進步需要時間的累積，不是說我今天去補，明天就會進步，於是在補習一段時間卻沒有效果後，一般人通常會喪失耐心，不是放棄就是降低自我要求。此時由於時間滯延的影響，使得補習這個議題從目標趨近的系統基模，轉變成目標侵蝕的系統基模，如圖 2-21 所示。

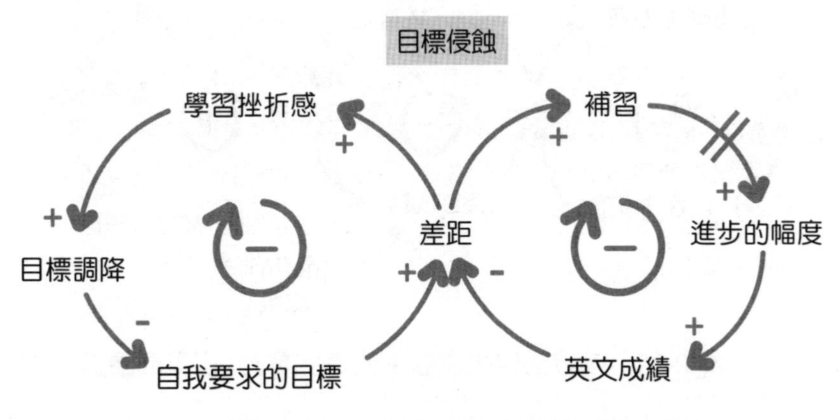

圖 2-21　**補習的目標侵蝕因果回饋圖**

除了需要用耐心等待時間滯延，以換取英文能力的進步外。我們都知道補習是需要花時間的，但人一天只有 24 小時，你不可能有額外的時間來補習，於是我們只好將腦筋動到減少睡眠與休息的時間。不過，一旦睡眠與休息的時間變少，長期下來，身體就會變得容易疲累。當身體疲累，上課時的專注程度就會隨之降低。然後，你就不知道老師在說些什麼，因此上課吸收的程度變差，導致你的成績開始產生退步，退步將使你的英文成績和目標又產生新的差距，最後新的差距再讓你又回到老問題→英文爲何不好？是不是需要加強補習？如此將導致成一個愈加強補習而成績愈退步的惡性循環。由於後遺症（睡眠與休息減少）的影響，使得補習這個議題從目標侵蝕的系統基模，轉變成目標侵蝕＋飲鴆止渴的系統基模組合，如圖 2-22 所示。

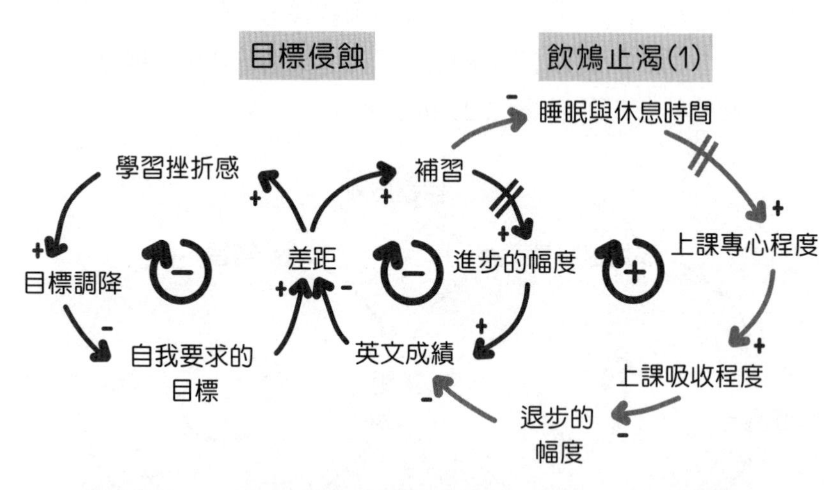

圖 2-22　補習的目標侵蝕＋飲鴆止渴 (1) 因果回饋圖

接下來我們思考其他重要的利害關係者，如：老師。當你上課不專心的時候，通常會被老師處罰，譬如說老師看到我正在打瞌睡，就叫我起來回答問題，要我用英文說出「65 元」，但因爲我累了，結果就回答「six ten five dollars」，這樣的下場，大家可想而知，就是所有人都哄堂大笑，然後我被老師訓了一頓。我們都知道，當你在一堂課上被罵或出糗的機會多了，你自然也就不再喜歡上這堂課，於是原先就已退步的成績將退步得更厲害。老師的處理態度即爲我與老師之間發生的議題，這樣的議題非常適合用飲鴆止渴的系統基模來詮釋。最後我與老師及英文便成爲目標侵蝕＋飲鴆止渴（1）＋飲鴆止渴（2）的系統基模組合，如圖 2-23 所示。

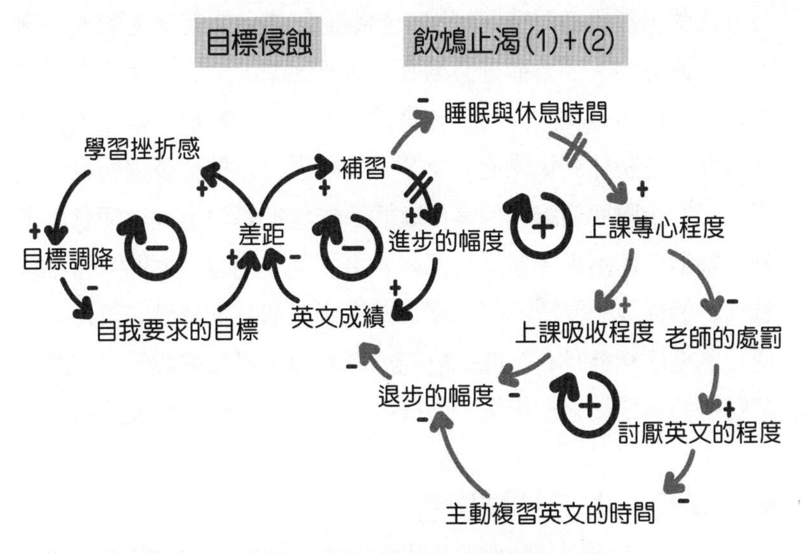

圖 2-23　補習的目標侵蝕 ＋ 飲鴆止渴（1）＋ 飲鴆止渴（2）因果回饋圖

透過上面這個英語補習的案例，大家或許會發現，如果我們將問題當作一個系統，並利用上面所提出的方法來進行思考，將有機會擬定一些適合解決問題的策略，即

- 體認成績進步是有時間滯延，可以避免目標侵蝕。
- 體認時間管理的重要性（補習與睡眠並重），可以避免飲鴆止渴（1）。
- 面對不專心，老師應探究原因，可以避免飲鴆止渴（2）。

所以透過系統思考，我們可以看見英文能否學好與很多事有關，絕非靠任何單一因素便可以操控全局或解決問題的。因此，利用系統思考來解決問題，將能避免見樹不見林的情形發生。

在此，我們還要特別提出一個觀念，那就是組織能力。中國人有句俏皮話：「茶壺裡裝湯圓，倒不出來」，它通常用在口才不好，但滿腹經綸的人身上。事實上，口才的好壞，除了先天條件以外，還跟你的組織能力有關，你如果可以把腦袋裡的東西做有系統的串聯與組織，通常你就能平順地把話說出來，把意思充分完整地表達出來。透過我們剛才這個英文補習的案例，你可以看到一個從單一簡單系統基模，擴充到三個系統基模的組合，這樣一個循序漸進且有組織系統的思考流程，可以讓我們很輕鬆地把腦中的東西做一個組織，然後很平順、很有條理地表達出來。

● 步驟五 ····▶ 延伸性思考

在這一步驟裡，我們要來思考一下之前所說的批判性思考，就是如果你不透過加強英語能力也能達到相同目標，同時還能有更多時間去做其他的事，你還要不要加強英文？在我們目前的社會中，充滿了太多催眠式的廣告、標語與說法，例如投資專家最

常說的「你不理財，財不理你」就是一例，這句話乍聽之下很有道理，然而你可曾想過，你爲何要理財？你想透過理財達到的目標爲何？這個目標對你有何意義？對你的人生來說是好還是壞？這個目標到最後會不會反而讓你更憂慮、更不開心？如果大家都想賺錢，想占便宜，那麼誰要吃虧？誰要讓人把錢賺走？除了理財，有沒有其他方法可以讓你達成目標，而後遺症又比較少的呢？還是你只是人云亦云，聽到這些催眠式的話語，就毫不考慮的加以遵行？「背道而馳」是衆所周知的成語，不管是工作還是生活，大家不妨用我們所提出的思考方式去想想你所面臨的問題，檢視你的解決方法是不是背道而馳（有件值得玩味的事，大家不妨想想，在 2008 年的這波金融風暴中，有個國家可說幾乎不受影響，那就是汶萊，這並不是因爲它有特別厲害的財經專家，而是因爲這個國家根本沒有股市）。

我們利用剛才英文學習系統思考的結果與答案，來對原來的問題進行延伸性思考（如圖 2-24 所示），檢視原來的問題究竟是否有問題，讓你更能清楚地知道想要解決或獲得的是什麼，目標在哪裡。而延伸性思考所產生的反思問題將再繼續進行下一階段的系統思考，所以系統思考與延伸性思考彼此間也是一個相互回饋的流程。

系統思考

- 體認成績進步是有時間滯延。
- 體認時間管理的重要性（補習讀書睡眠並重）。
- 面對不專心，老師應探究原因。

延伸性思考

上述問題衍生→

◎英文成績好時，其他科目成績要不要好？
◎如果都以補習方式學習，學校課程還需要在意嗎？
◎如果不補習，可否利用其他方式使英文成績進步？

圖 2-24　英文學習的延伸性思考

3

啞巴吃黃蓮

系統思考與英文表達能力

董綺安、楊朝仲

國際視野是一種跨文化與跨語言的認知能力，現已成爲面對二十一世紀全球化時代最重要的競爭力。

實踐大學講座教授　陳超明

外語學習與競爭力

在面臨全球經濟衰退之際，就業市場的失業率攀升，以往需才若渴的現象呈現緩滯，甚至在某些行業呈現就業人才負成長的窘況。然而一批批的社會新鮮人仍會依原有的步調湧入就業市場，屆時在就業市場上，不論是失業的、無業的，甚至是目前仍然在工作崗位上的，將面臨前所未有的挑戰，那就是，如何凸顯自己的優勢，展現強勢的競爭力，穩住工作，逆勢上爬。

許多學者專家早在二十一世紀初就提出培養「軟技能」（soft skills），或「二十一世紀技能」（21st-centry skills）以提升競爭力的觀念，雖然用的名詞不同，但是所指的核心概念卻是異曲同工：二十一世紀競爭力的養成不是侷限於專業能力、知識和經驗，更重要的是具有獨立的思考能力、良好的溝通協調能力、原創力及解決問題的能力與國際視野。而其中，尤以國際視野最爲重要。政大教授陳超明在「給大學新鮮人的信」中點明，「國際視野是一種跨文化與跨語言的認知能力，已成爲歐美日（甚至中國大陸）大學生，面對二十一世紀全球化時代，最重要的競爭力」。這個觀點與 2008 年初一份由全美大學聯盟委託彼得‧哈特研究機構就「大學應如何評估及提升學生的學習力——從雇主的觀點出發」進行調查，所發表的結論之一不謀而合。該項調查發現在 12 項關鍵能力指標的準備度上，多數的應屆畢業生最欠缺的 4 項能力依次是全球知識（global knowledge），自我引導（self-direction），寫作（writing）和批判性思考（critical thinking）。在「世界是平的」平台上，全球知識攸關企業的成敗，無怪乎這是雇主最重視的一項能力指標[1]。

不論是全球知識或是國際視野，這項能力養成的關鍵在於外語能力的培養。外語能力強，自然可吸取世界各國語言、文化的菁華，以新的角度來省視自我，看到自我的不足與缺陷，並進而檢視自我與族群、社會，甚而世界的互動關係和運作模式。在不斷吸收世界語文的同時，學習者的思維與語言會因外來的刺激而逐漸呈現多元性和包容性。一個有深度思考、分析能力的學習者，更可藉由國際視野的拓展，看到現狀中的病灶，抽絲剝繭地找出解決方案或規劃出遠景，提供有行政執行力的人做參考。因此，小到個人，大到國家，學習外語不啻是提升自我與國家競爭力的首要利器。

臺灣學生的英語能力逐年下降

半個世紀以來，在臺灣，學習外語的人才大都是以學習英語爲主。在五、六〇年代，臺灣學生的英語學習以閱讀、文法見長，後來隨著解嚴、通訊工業的日新月異及網路的流行，接觸英語的機會大爲增加，在講求時效的今日，英語聽、說、讀、寫能力佳是當前職場生存的必要條件。然而，根據美國教育測驗服務社（ETS）歷年資料顯示，臺灣學生托福平均成績排名大幅滑落，電腦托福平均成績在亞洲地區排名常殿後。

---

1 資料來源：*How Should Colleges Assess and Improve Student Learning: Employers' Views on the Accountability Challenge. A Survey of Employers Conduced on behalf of The Associations of American Colleges and Universities.* January, 2008.
www.aacu.org/advocacy/leap/documents/2008_business_leader_poll.pdf

問題的癥結有三：

一、考試和網路的普及，壓縮了學生內化英語的時間、空間和態度。今天在學習金字塔中間和底層的人往往因爲基礎弱或信心不足，跟不上學習的進度，有的轉而求助於網路翻譯，只求約略懂得文章一、二即可，有的死記硬背，但求過關就好。由於考試，導致學習成就低的人對英語學習興致缺缺，自然而然不會主動蒐尋相關的資料，更遑論參與任何與英語學習有關的活動。長久下來，他所習得的字彙、文法有限，生活領域狹隘，知識觸角無法延伸出去。在考托福、多益等大型考試時，他如何看懂經濟衰退的因果關係？他如何瞭解反聖嬰現象的形成和影響？他如何知道辦公室英語會話的禮節？

二、基礎工夫不扎實，但求聽得懂、看得通就好。很多大學生學了將近十年的文法，但是寫出來的句子錯誤百出。文法沒搞懂，字彙的解釋沒選對，遇到複雜或是較學術性的文章，自然是一知半解，如果要再寫出一篇像樣的文章，更是難上加難。

三、隨著大學錄取率的提高，大學生的平均英語素質愈來愈低。除非在大學四年，這群學生有所領悟，急起直追，否則畢業後找補習班惡補托福、多益，試圖通過留學門檻，也許加油點、多試幾次，就可以低分通過，但想要拿高分實在很難。近幾年，臺灣學生的英語素質與鄰國學生相較，仍是略遜一籌。追根究柢，臺灣學生學習英語不佳的原因，在於沒有自發性的學習動力與有效的學習方法。學生如果不能跨越基本的英語學習障礙，根本無法領會到隱含於語言後的邏輯思維、文化意涵和國際視野，長久下來，他們的競爭力實在令人堪憂。

如何提升競爭力？

在職場上，成功的人通常具有這樣的特質：看透過去、計畫現在、預見未來。就像是美國管理學院首位華人院士陳明哲教授在《天下雜誌》400 期專刊所提到的，面對任何情境，他所思考的三個問題：Why are we here? Why should we care? How much do we know? 藉由這三個現在式，我們必須反思，知道爲何處於今天的局面、知道要在乎什麼、知道所學多少。要爲現況找到有意義的答案，我們必須在時間的延展線上，回顧過去、計畫未來，否則找不到向上提升、向前邁進的動力。同樣地，這三個問題指出了一個教育者應思考的方向：培育未來的傑出人才，大學教育應該著重在訓練學生養成具有獨立的思考力、良好的表達力和立體的國際觀，以便和過去、現在、未來接軌。試想，一個專業人才如果沒有獨立的思考力，怎能分析過去、找出現在與過去間的因果關係，及看到現在的盲點？ 一個專業人才如果不能成功地表達自己，與他人做良性的溝通，怎能讓小我、大我發揮最大的產能，提升「現在」的最大價值？ 一個專業人才如果沒有立體的國際視野，綜觀一個事件所牽連的所有因素，模擬出整個事件的因果回饋圖，怎能突破現況，創造、掌握未來的新趨勢？

在大學，任何課程都須以培養這三種能力爲核心教學目標。大學生除應在專業領域潛心研究外， 更應跨領域修課或修習一些英語課程，藉助新的思維、方法隨時開發、培養這三種能力。目前臺灣許多菁英大學也都朝此方向規劃，鼓勵系、所教師以英語授課、整合教學資源、開發新的跨領域課程，或要求學生通過相當的英語能力門檻始能畢業。這一切無不希冀學生在跨出校門前能養成這三種能力，以便將來運用在職場上，展現優勢的競爭力。

系統思考與英文寫作

修一門「英文寫作」課吧！

想一石三鳥，修一門課，提升自己的思考力、外語表達力及國際視野？不妨修一門「英文寫作」課吧！寫作是一種語言「輸出」（language output），它涉及知識、思考，及語言表達等層面。這三個層面的運用度愈高、愈深，文章所表達的意涵就愈能吸引人、說服人。

我在大學教授「基礎英文寫作」已有十餘年的經驗，看不懂學生的文章是常有的事。文中文法、句型錯誤百出，遣詞用字往往讓我啼笑皆非，有時學生洋洋灑灑地寫了好幾大段，重點其實就是兩句。問學生到底在寫些什麼？「*我有想法啊，就是寫不出來。不知道怎麼寫？*」其實，眞正的癥結在於學生**不知如何寫，更不知寫什麼**。要寫到重點，不贅言、不岔題、有創意、有結構、寫得清、說得明，這可眞不是件簡單的事。

當中文遇見英文——混沌的開始

對於一個以中文爲母語的作者而言，以英語初寫作，語意不清、說理不明、組織混亂，都是可預期的。因爲基本上，中英文的文化思維模式與文字邏輯大不相同。中國文字的源起是以字的圖像、意象代表字義，在文字的演化及文明的演變過程中，學習者靠大量的記憶、背誦豐富了知識，因此無形中造就了「言簡意賅」、「點到爲止」的用語習慣，養成了暗喻性、螺旋性（spiral thinking mode）的思維模式。例如，中文寫作的習慣較傾向以既有的典故、成語、諺語等來表達抽象的觀念，或傾向於用較複雜的詞句或語法來修飾中文語句。而在起、承、轉、合的寫作模式中總是先介紹主題之背景思想，闡述其重要性，再切入主題，接著，承前所提，旁徵博引，引經據典，印證主題，收尾時，再畫龍點睛一番。

反觀西方文字的演變，是以字母拼寫代表字的聲音，再加入音節，隨著文明的演變，文字的結構日形複雜，而文字的衍生、分類、定義慢慢地成就了抽象、邏輯、系統性的思維模式。例如，英文的寫作架構是呈直線性發展（lineal development），段落與段落，句子與句子之間有一定的邏輯關係。而且總是先直述重點，再佐以說明或例證。在起、承、轉、合的英文寫作模式中，通常先切入主題、重點，並點出文章發展的主軸。接著，依據主軸，佐以資料證明，再加以說明、闡釋。最後，綜前所述，再次呼應主題之重要性。

兩種語言的寫作邏輯與思維模式大相逕庭，因此初學者往往犯下許多的錯誤、產生很大的挫折感。如果此時引進系統思考，在寫作準備期（pre-writing）、寫作期（writing）和後寫作期（post-writing）來幫助寫作，至少在邏輯推演、文章組織和思想層面會大有助益。

引進系統思考於英文寫作

1980 年代初期，英文寫作由「作品爲導向」（product-based）的教學理論和方法，轉爲以「過程爲導向」（process-based）的教學理論和方法。這套理論與方法用於外語寫作教學已逾二十年，成效卓著。根據這套理論，文章的完成涉及三個階段：寫作準備期、寫作期和後寫作期。通常在寫作準備期，老師會帶領學生進行一系列的暖身活動，例如腦力激盪、條列想法、想什麼寫什麼（free writing）、心智圖、草擬大綱等，目的就是在開發學生的想法，找出與主題相關的點子，剔除無關、多餘或是重複的看法。接下來的寫作期，作者則是根據之前的資料、大綱開始以英語撰寫文章。在寫完初稿後，依據老師或同儕的建議一而再、再而三地修改、訂正，校對文章，直至完稿。

「過程式導向」（process-based）的教學理論和方法的成敗與作者本身所受到的邏輯思考訓練大有關係。通常修習「基礎英文寫作」的學生在這方面所受的邏輯訓練較少，往往在內容的拓展趨於表面化，無法做深度延伸。尤其是在寫論理性或是說明性的文章時，寫作準備期暖身活動如果沒有老師的引導，不斷地丟問題（why or how）給學生，學生通常都是「點到爲止」，結果每個人寫出來的文章內容都不夠具體、說理不足。如果，此時老師能引進系統思考，幫助學生運用歸納或演繹的方式去找到不同的成因或結果，並且看到不同成因或結果之間的相連性、同類性，交互作用或互相影響，並且積極地蒐尋資料，補足論理的根據，自然而然，學生的思考會比較多元化，在考慮一個議題時，不只可作多線性的推演，發展出多條因果關係，更可運用系統思考的因果回饋圖，借用基模與時間滯延的觀念做通盤的考量。

如果在準備期所撰寫的大綱夠詳細、推理夠清楚、資料夠充分，這時開始草擬文稿，遇到的困難不外乎是語言技巧的問題，例如，如何遣詞用句、如何把想法轉成簡單扼要的英文句子、如何修飾段落間的語氣轉換等。但是，通常也是在這個階段，學生一邊寫，一邊察覺到大綱大有問題，因爲他的邏輯推演是源自於中文，並非英文。原先看到的大綱常常是用關鍵詞語或片語概括，一旦要用句子去說明、解釋，並且連結句子與句子間的邏輯性，學生就會遇到瓶頸：用句子把關鍵詞語的意思表達出來後，似乎就水到渠成了，何須再贅言？但是在英文思維裡，說理要客觀、充分，光是表達出關鍵性的看法是不夠的。這個看法爲什麼重要？爲什麼有關聯？如何有關聯？這些都是每個重點必須說明的一部分。

如何強化每個段落的支撐力（support）和說理性？系統思考提供了另一個解決問題的途徑。由於系統思考的因果回饋圖是以每個迴圈表示一個關鍵點（成因或結果）的細節推演，當迴圈展開得愈詳細，所提供的相關細節愈多，而這些細節大都是依因果關係或時間順序串聯起來。如果作者能掌握每個迴圈的發展，就等於掌握了每個段落的書寫順序。而每個迴圈間的關聯可依作者判定的優先順序或是時間順序，串聯各個段落，自然而成一篇文章。書寫至此，文章的優劣已大致底定，只要在後寫作期，找出遺漏的細節，增添資料，補強邏輯性即可。

其實，在英文寫作中引進系統思考，可輔助加強英文寫作的三大要素：重點一致（unity），說理、佐證的支撐強度（support）和組織、結構的連貫性（coherence）。除此之外、學生的邏輯思考、表達力及知識層面都大爲改善。

範例 1：英文學習的瓶頸之一：英文成績為何沒進步還退步？

如果我們以「學習英文的瓶頸」爲主題，要求學生就學習經驗，自由發揮，撰寫一篇英文短文或做一個 5 分鐘的英文簡報。在準備期，學生利用前述的暖身活動，可能會激盪出不同的題目。我們試以「爲何補習英文成績沒進步還退步？」來看看引進系統思考和英文表達力之間的關係。

在準備期，學生會著重於探索原因，來解開英文沒進步反而退步的謎團。如果以心智圖來製表做腦力激盪，可能出現下列原因（見圖 3-1）：

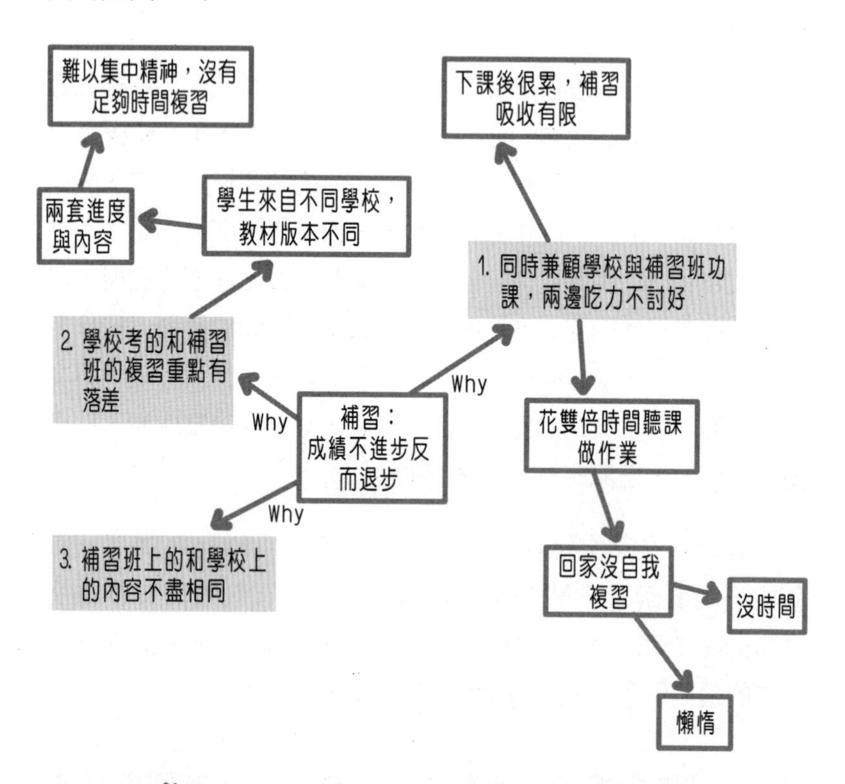

圖 3-1　「學習英文的瓶頸」初步心智圖

這個草圖是以學習者爲中等成就的高中生或國中生爲例。該圖草列了 3 個理由，如果再三地仔細推敲，可以發現第 2 個理由與第 3 個理由想法上有重疊。對於「學校考的與補習班的複習重點有落差」方面，可能有兩個原因：1. 版本不同，當然進度與上課內容不同，複習重點自然也不同。2. 補習班與學校出題老師看法不同，所以複習重點不同。不過後者的可能性很低，因爲補習班蒐集的資料必然是經過時間的考驗，出題方向應會與學校相同，否則會流失大量的學生。所以，第三種可能性應可剔除。

從上面的心智圖再往下延伸，發現第 1 個理由的延展性比第 2 個理由還好，也就是說，再經過重新整理修改後，第 1 個理由可延展成下列的心智圖：

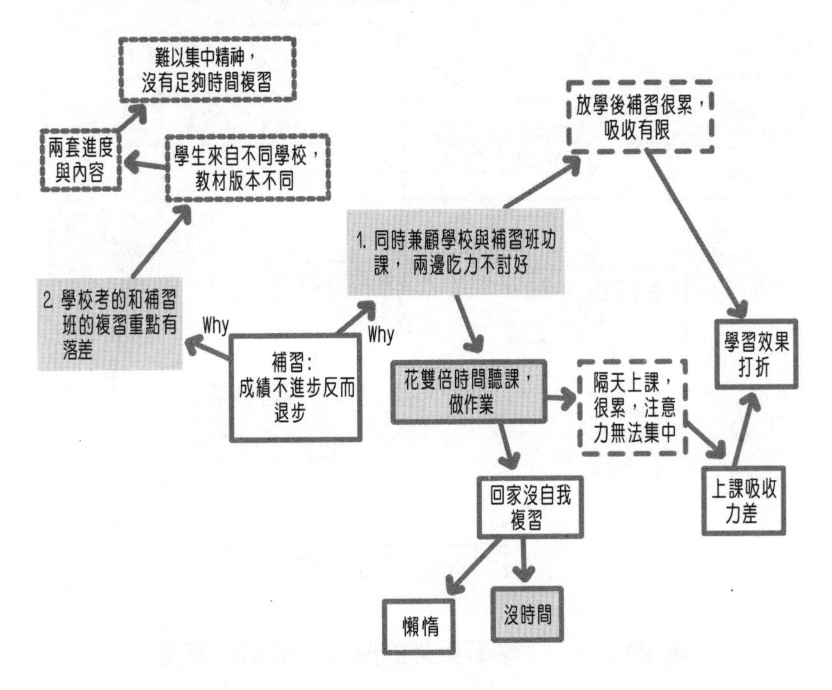

圖 3-2　「學習英文的瓶頸」進階心智圖

如果學生是個有經驗的作者，他會發現第 1 個理由可說明的資料較多、擴充的空間較多。相對地，第 2 個理由實在是資料太少了。如果文章涵蓋這 2 個理由，說明的篇幅明顯不平衡。解決這個問題的最佳方式就是重新洗牌，重整資料，找出各個原因間的邏輯關係。在圖 3-2 中，標示 ▭ 的是屬於一個想法（補習班與學校上課內容、進度不盡相符）的延伸圖，標示 ▭ 的同樣點出一個重點：複習功課的時間被壓縮。標示 ▭ 的在想法上有相似之處：體力透支，學習者很累。根據這些資料，可做出如下心智圖和寫作大綱（見圖 3-3）：

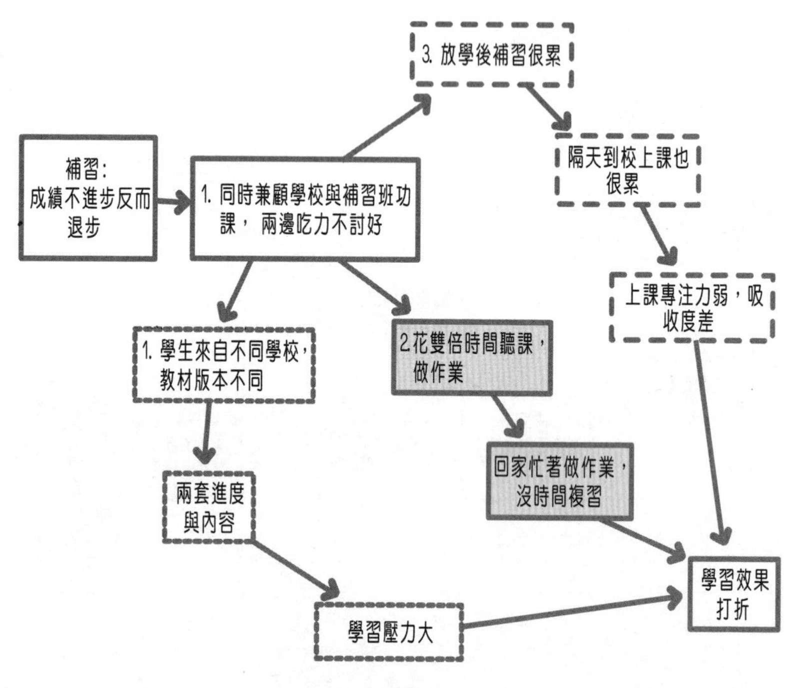

圖 3-3　「學習英文的瓶頸」確認心智圖

大綱：

主旨句：提升學習成績，補習未必是上策，因爲兼顧學校與補習班功課，兩邊常常吃力不討好。

原因：1. 就內容而言：
補習班上課內容、進度與學校不盡相同。

2. 就時間而言：
學生花雙倍的時間上課，壓縮到回家複習功課及休息的時間。

3. 就體力而言：
學生體力透支，造成在學校上課或補習時注意力不集中，學習效果有限。

結果：學習成效不彰，成績不升反降。

按照以上的大綱，學生以原因的重要順序（order of importance）來組織內容，寫成一段精彩的段落或一篇 3～5 段的文章。若是以提升學生寫作技巧與能力而言，到此爲止，學生的準備工夫已相當充裕，可以進行第二階段「草擬文章」了。

但是如果我們想借助英語寫作來提升知識、思考、語言這三個層面的成熟度，這似乎是不夠的。

一、思考的深度可以再加強，因爲這樣的組織方式有兩個盲點：第一、作者忽略了各個原因間可能有相互影響。例如，學生可能是因爲補習班與學校進度、內容不同，而必須花雙倍精力、時間記憶、吸收，造成精力透支，回家時通常已是晚上 9 至 10

點了，還得忙著做其他作業，沒時間再複習一遍。第二天到校，因睡眠不足，造成上課打瞌睡，這種現象如果常常發生，將導致上課專注力不夠，而變成一種習慣，學習效果將大打折扣，即發生「飲鴆止渴」的現象。因爲這三者互有影響，所以學生在說明每個原因的時候，很可能會造成語意重複，冗語、贅詞或是句型變化有限。要不然就是每個原因只寫了兩、三句，就無以爲繼了。第二、英語需長時間的學習才能看到效果。在填鴨式的補習下，成績很難在短時間內看到效果，學習挫折感便會油然而生，學習者很容易產生焦慮，甚至打退堂鼓或修正自己預期的目標，即發生「目標侵蝕」的現象。

二、問題並未解決。這篇文章的中心主題是個問題。一個好的思考者在探究原因的同時，更應思考如何去解決問題。如果我們以系統思考的因果回饋圖（如圖 3-4）來推演上述問題，可以看到整體迴圈非常明顯地點出了「目標侵蝕」和「飲鴆止渴」的現象，也就是說，補習在短時間內並不能提升成績，反而降低成績。

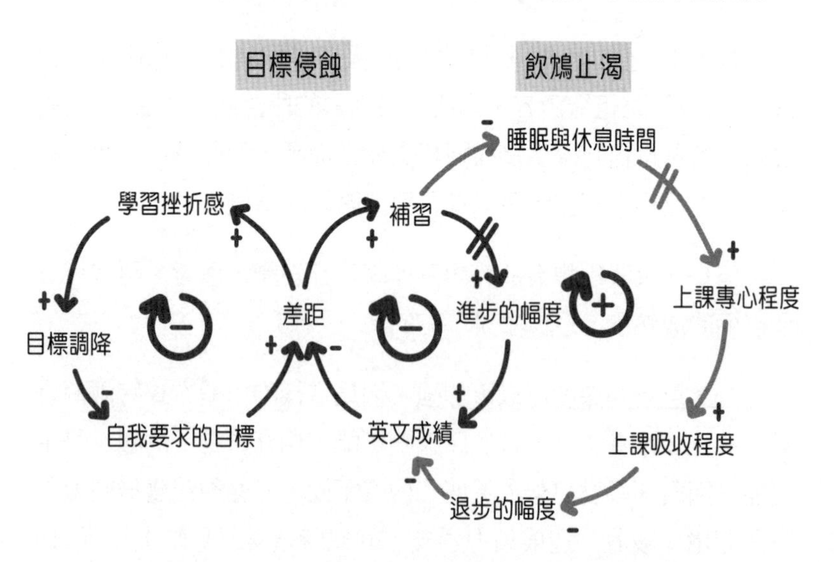

圖 3-4　「學習英文的瓶頸」的因果回饋圖

針對第一個問題，由以上的因果回饋圖可以看到，原來的3個原因互有影響，而且在時間點上有先後的順序。另外也看到了時間滯延的概念：補習與進步幅度間的關聯需要時間去印證，時間愈長，兩者間的正比關係才能看得愈清楚。按照這個因果回饋圖，作者可以依時間順序來串連迴圈上的每個變因，並以時間順序（time order）為主幹來組織文章，再添加一些實例、數據（例如，補習後，平均減少了多少小時睡眠或休息的時間）來做說明。在如此添枝加葉後，文章的說服性自然會比原先的大綱強，而且生色不少。

解決第二個問題的方向應從如何控制補習的內容、進度和時間的分配著手。評估自己的學習效率，慎選一家補習班或家教班，在內容與進度上可以跟學校互相配合，減少學習的負擔。若是眞的行不通，可以和三五好友合聘一位有經驗的家教老師，減少財力的負擔。另外在時間的管理上，務必要採用「定時定量」的方式，固定每天在做完作業後，花一些時間自我複習。此外，把驗收學習成效的時間延長，以一個學期爲基準，評量自己的學習成果，如此才不會因爲「時間滯延」造成焦慮不安，打亂了學習的步調。

如果一篇文章能依據以上所述，段落分明地把可能的原因清楚地表達出來， 並在文章的結尾，提出解決問題的一些方法，這時作者展現的不只是有系統的組織力，良好的表達力，還有解決問題的潛力。

所以遇到複雜的問題，有受過系統思考訓練的思考者可以觀察到好幾個基模（迴圈）同時或不同時地運作，這時，作者可依據基模的特質，一一加以說明[2]。

系統思考與英語表達力

如何在短時間內，以最清晰、簡單的英語表達自己的看法？對多數臺灣學生而言，這可是個挑戰。首先，字彙、文法有限，若是用說的，肯定說的咿咿呀呀，零零落落，如果發音不好，句不成句，那可眞是鴨子聽雷，聽得傷神，說得傷心。若是用寫的，也許半個小時後，還在爲第一句話如何下筆而傷腦筋。要想表達得好，表達得有趣、有內容，扎實的基本語言技巧是必要基礎，靈活運用系統思考的模式，可以讓說者、作者輕鬆、自然，事半功倍。

前文已提過「系統思考與英文寫作」的關係，這裡就以「說」爲主，以一個 10 分鐘的英語簡報爲例來說明。準備英語簡報時，掌握主題是第一優先，先弄清楚問題核心是 Why，What或 How，然後以系統思考推演所有可能相關的因果、事件或步驟。再以時間爲主軸串起所有元素，形成因果回饋圖。接著查出各個元素的英文關鍵字，切記這時一定要選對字彙，查字典確認在什麼情境，用什麼字。此外，簡報時，不需要賣弄文字，誇顯自己的英文程度。若能以簡潔的英語句型表達，聽衆愈能吸收所要傳達的資訊。

在解說因果回饋圖時，有三個原則：1. 解說目標（goal）、現況（state）和行動（actions）三者間的關係，2. 確認相對關係

2　範例如第三章末之附件一。

（正比或反比），3. 確認因果關係。此時可運用一些基本的動詞片語、句型來說明，例如：A leads to, results in B；The more..., the less...；To reach the goal, some actions are taken to improve the current state 等。 以前面的範例 1 來做說明，解決問題的第一步就是，先確認現況的嚴重性，再設定目標，以縮短兩者間的差距。此時所常用到的語法與句型如圖 3-5 所示：

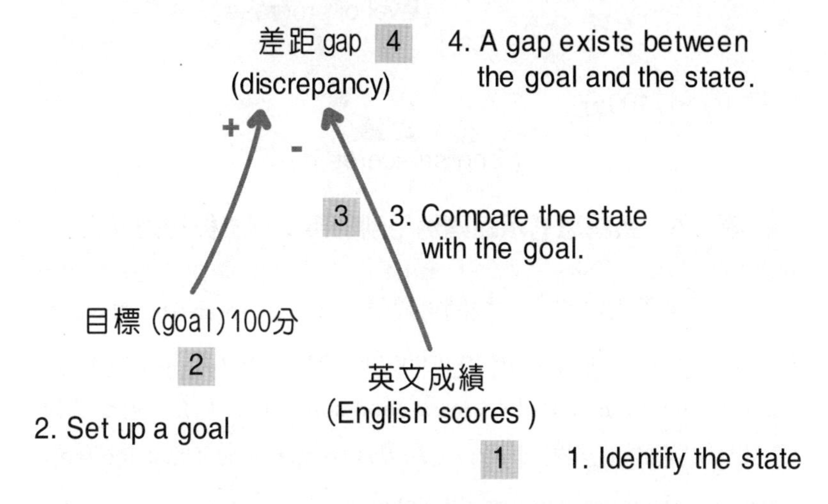

圖 3-5　系統思考示範案例用到的英文語法與句型（一）

在做簡報時，務必要加油添醋，前後增加些句子，使簡報聽起來不會硬梆梆。 例如： “To solve the problem, I need to identify the state. In this case, it is the low English score—50. *So* I need to set up a goal. *That is*, to reach 100 at the end of the semester. *Once* I compare the state with the goal, I realize that a gap exists between the goal and the state.”

接著，採取行動，解決問題，同時點出相對關係（如圖 3-6）。

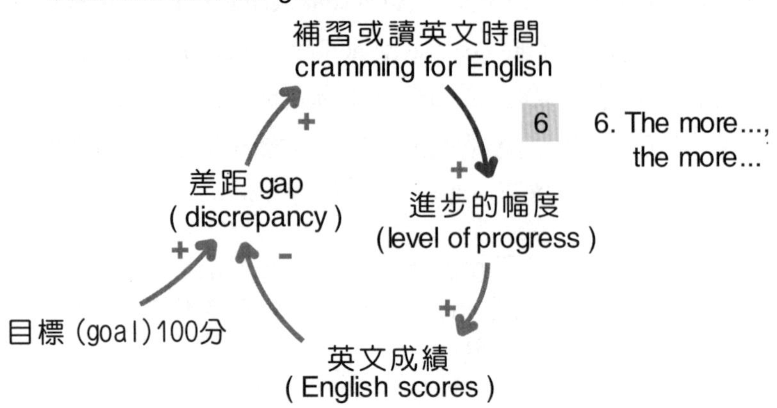

圖 3-6　系統思考示範案例用到的英文語法與句型（二）

為了讓簡報口語化，我們可以這麼說，"To shorten the gap, I need to take some actions to bring the state closer to the goal. *So* going to the cram school seems a good solution....（填入更多明確的細節說明為何是個好方法）. *In this way*, I expect that the more often I go, the more progress I'll make."

接著帶入「時間滯延」的觀念，說明因果關係無法如預期的發展，原先設定應有的成效遲遲無法呈現出來。可套用下列的句法（如圖 3-7）把「時間滯延」帶入簡報裡。

為了增加流暢性，我們可以這麼說，"*However*, because of time delay, I didn't make any prominent progress in my English class. *Obviously* I need more time than expected to reach the initial desired state—score 100."

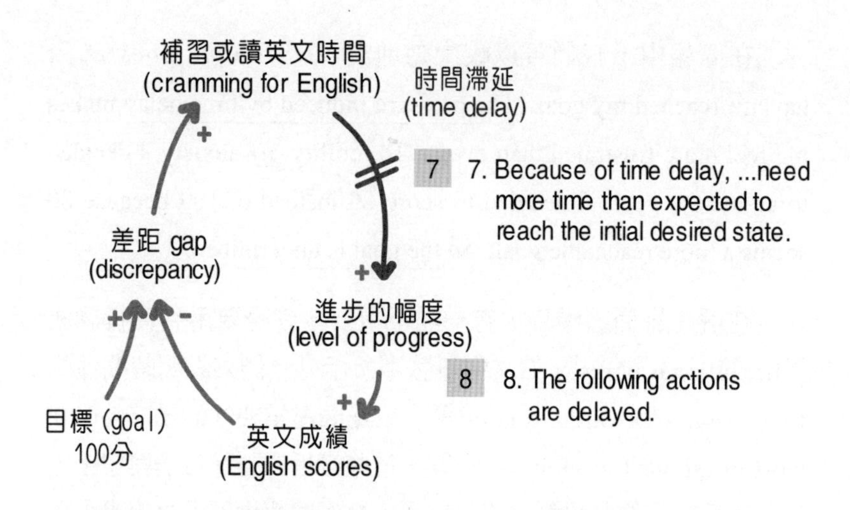

圖 3-7 系統思考示範案例用到的英文語法與句型（三）

接著，解說因「時間滯延」而衍生出「調整目標」的基模。因爲時間滯延，自我產生了壓力，付出的心血久久無法有回報，因此學習情緒愈來愈低落、沮喪。此時，只好降低自我對目標的要求。可套用下列的句法（如圖 3-8）。

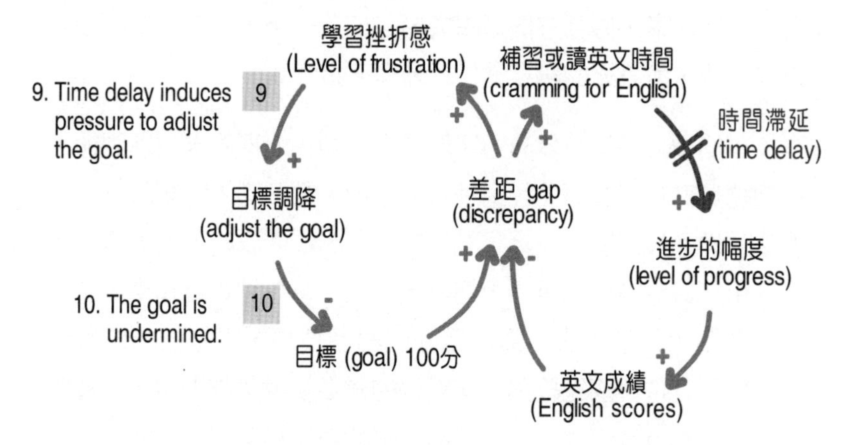

圖 3-8 系統思考示範案例用到的英文語法與句型（四）

在簡報中，我們可以較生動地說，“*As time goes by*, I haven't reached my goal. The pressure induced by time delay makes me feel more frustrated than ever.... To mollify my anxiety, I decided to adjust the goal. I decided to score 80 instead of 100 because 80 seems a more reachable goal. *So* the goal is undermined.”

在解說每個迴圈時，有一點很重要，就是要用到轉折詞語（transitional phrases 如文中斜體字所示）。例如說明時間性的 first, then, afterwards, finally 等，或是表達重要性的 first of all, most of all, next, consequently 等。這些轉折詞語是句子與句子，段落與段落間的潤滑劑。有了它們，整個簡報會顯得更流暢。隨著這些詞語的出現，聽眾有如旅行團團員看到導遊手上的隊旗，知道整個知性之旅的流程，並且知道欣賞的重點在哪裡。

此外，記得先解說一個迴圈，再依順序，套入一個個迴圈，隨著解說將近尾聲，整個因果回饋圖全然呈現。當然，如果只有一個迴圈時，先解說一個元素（事件、成因或步驟），再慢慢導入下一個元素，直至整個迴圈成形。如此一來，說者不疾不徐，有根有據，所表達的訊息當然清晰而直接[3]。

以協助人們做有效溝通與增進人際關係著稱的卡內基訓練，他們總是鼓勵學員要「說到別人很想聽，聽到別人很想說」，才能達到溝通最高境界。除了說話有藝術、口才要好，更需言之有物。用聽眾聽得懂的語言，把關鍵看法盡可能地組織起來，在一定的時限內傳達出去，靠的是好的語言技巧，更是強的思考能力。曾幫五位美國總統撰寫演說稿的知名演說家詹姆斯．休姆斯

3 簡報範例如第三章末之附件二。

（James Humes）提到，「溝通的藝術是領導者的語言。」想比別人領先一步突破現今全球金融危機所造成的困境，並超越他人，一定要先學會用英語表達自我，做到有效溝通。這時，你應該在任何需要英語表達的場合，課內或是課外，工作或是生活中，適時導入系統思考，隨時隨地自我訓練、自我充電。

系統思考與英語文相關課程的連結

基本上，英語課程大致可區分爲初級和進階課程。由於初級的學生需要大量的基礎語言能力訓練，此時導入系統思考恐怕會壓縮學生的語言學習時間和造成壓力。所以在進階課程導入系統思考，實際上是可行而且恰當的。如果就聽、說、讀、寫這幾方面來看，導入系統思考有許多好處。有關閱讀的進階課程，例如「進階英文閱讀」、「新聞英文閱讀」、「文學作品導讀及賞析」、「語言與文化」、「流行文化」等都可運用因果回饋圖，找出文章的重點與因果邏輯關係，或分析文學作品中劇情的推展，藉以看出角色的特質與主題的鋪陳，或找出文化中的發展元素與元素間的相互關係與影響。這樣的訓練可以協助學生掌握議題的核心，看出因、果間多線性的關係並做連結，無形間開展了學生的視野和觀察力。

有關聽、說的進階課程，例如「中級會話」、「高級會話」、「演講與辯論」、「會議報告技巧及實務」等，可利用系統思考所訓練的迴圈概念，把握相關議題的重點與資料，隨時補充，加強演說的可信度與趣味性，並適時地提出個人的觀點和解決方案。即使當自己是個聽衆時，也可靜靜地觀察、分析，套入適當的基模，解構問題，再提出方案與大家討論。

另外，有關寫作的進階課程，例如「中級英文寫作」、「高階英文寫作」、「研究報告寫作」、「新聞英語寫作」等都是與系統思考連結的最佳課程。如前所述，寫作除了要有良好的語言技巧，借助系統思考可撰寫出說理分明，組織有條不紊的文章，做出有效的表達與溝通。

結語

在本章一開始提到二十一世紀的必要技能：專業力、思考力、溝通力、協調力、原創力、解決問題的能力與國際視野，其實這些能力都環環相扣，真正的核心能力則在於批判性思考（critical thinking）的養成，也就是分析、解釋、彙整、推論（歸納與演繹）和應用這五大子能力。好的思考者，必須有條理、客觀地呈現想法，接受意見相左者的質詢，在不同的思考迴路或想法中，有效率地吸收資訊，想辦法達到有意義的溝通，協調、整合所有意見，思索問題的文化、社會背景，最後作通盤考量，找到出路。這整個過程涉及所有的技能，若能增加任何一項技能的能量，就能帶動其他技能能量上揚的幅度，長久下來，輸入的技能總能量會造成競爭力的大幅提升。這個因果循環適用於個人，也適用於企業、國家。如果企業或政府的各個部門能互相支援，找出問題真正的核心，解決問題，而不是各司其政，牽制彼此，今天的社會現象、金融狀況不至於如此混亂。

面對當前的全球性危機，教育者應該思考如何重新調整課程架構，在授課內容方面融入新的創意、新的思維，讓學生做最好的準備，展現最強的競爭力，迎接二十一世紀最大的挑戰。《世界是平的》作者湯瑪斯·佛里曼曾說，要成為一個有高度競爭力「碰不得的人」，必須是太特殊、太專業、太懂得深耕，不然就是太會調適。要達到這四種境界中之任何一種，都不容易。但是在學校的環境裡，為人師者至少在教學目標的設定上可朝「專業」與「適應力」這兩方面努力。傳授專業知識是老師的基本功，提升學生永續的專業研究興趣才是眞正的重頭戲，因為世界是無遠弗屆的，專業知識瞬息萬變，唯有跳脫現在，將夢想放遠放大，才可能在未來的專業領域找到生存空間。此外，不斷協助學生「懂得學會怎麼學」，以最有效率的思考方式去分析、解釋、彙整、推論和應用，隨時給學生不同的情境、議題去思考。將來學生身處新的環境，隨時可面對挑戰，開發新機，久而久之，適應力一定強。

今天為人師者必須在教學理念、課程設計上有所突破：第一、揚棄考試至上的觀念。要培養這些軟實力，考試絕對是下下策。應鼓勵學生多做計畫案（project）、提報告（presentation）、小組開會討論，把所有的討論結果，研究資料儲存在電子文件夾（E-portfolio），以備將來申請研究所或找工作時可派上用場。第二、培養國際公民素養。鼓勵學生多接收他國文化、參加國際文化交流的活動或是設計一些文化活動，讓學生學習如何去尊重、包容他國文化，例如參加英文電影夜，或爭取成為交換學生。第三、課程設計以專業為主軸，但是導入系統思考的概念，循序漸進，加深思考的角度、加廣專業的觸角。例如在進階英語會話課的「個性與興趣」單元，先設計英語問卷，要學生徵詢三位與將來就業領域相關的專家或老師，瞭解成為一位成功的專案經理人、程式設計師或行銷人員所需要的人格特質或能力。再讓學生省視自己的特質、個性與興趣，是否符合未來的期待，是否有很大的落差，是否須調整自己的目標。最後規劃一系列的自我充實課程、學習活動來達成目標。當然，這就需要運用到系統思考的訓練去推演。最後再要求學生以英語簡報的方式，做個有內容的自我介紹，分析和生涯規劃。第四、老師和學生都需常常思考陳明哲教授所提的三個問題：Why are we here? Why should we care? How much do we know? 教學相長，倘若老師和學生兩方面都不斷地注入正向的能量，充實課程內容，最後獲益的還是老師和學生。

艾伯特・愛因斯坦說：「如果依循我們製造問題當時的思維去解決現在的問題，那是行不通的。」今天，我們要許學生一個未來，一個有前景的未來，我們就必須跳脫目前的框框、跳脫就業市場上現有的工作型態和科技、跳脫傳統的教育方式，因爲未來就業市場上的需求、挑戰和問題現在都還未成形。唯有用新的思維、新的技能培養競爭力，才能在二十一世紀占有一席之地。

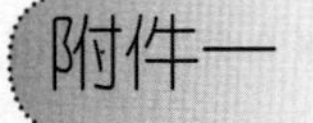

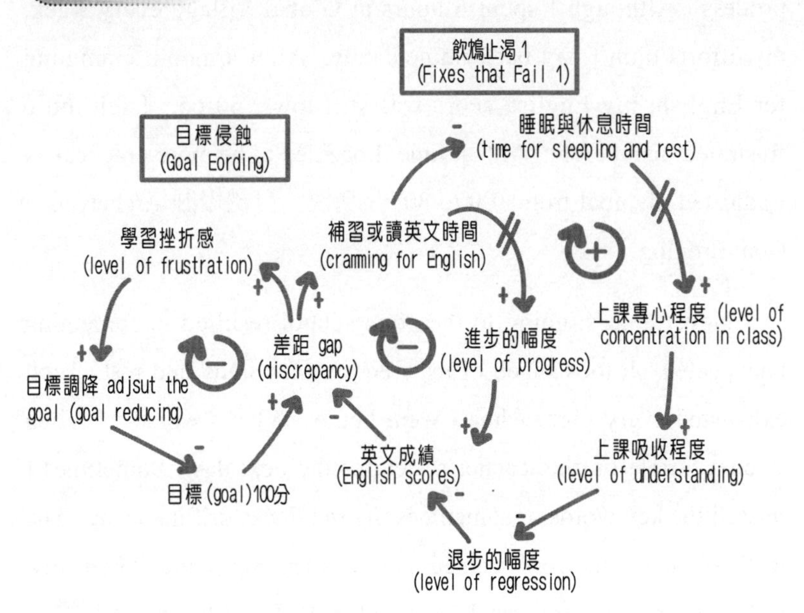

依據上圖試寫的文章

My experience testified that cramming for English is not a good way to boost the score. After the 1st monthly exam, I found I scored only 60 in “English.” I was so depressed because I, as a junior high school student, used to be one of the top three students in the English class. So I made up my mind to reach 100 in the next monthly exam. I knew there was a great gap between the goal and what I was at the time. But there was nothing impossible. I decided to go to “Global Village,” a famous cram school, to improve my English every Monday, Wednesday and Thursday. I expected that I would make great progress and hence I would realize my goal at the end.（基模：目標趨近 Archetype： Goal Seeking ）

However, I didn’t realize language learning was a long-term process. Although I spent 6 hours at Global Village every week, my efforts didn’t pay back immediately. After a month cramming for English, my English score was still low—60-65. I felt more frustrated than before. At that time, I decided to be more practical so I adjusted my goal from 100 to 80.（基模：目標侵蝕 Archetype：Goal Eroding ）

Nevertheless, going to the cram school resulted in something unexpected. It took much of my free time for study and rest. I felt exhausted every night when I went home. What’s worse! I failed to concentrate on the teacher’s lectures the next day. Sometimes I missed the key words or sometimes my mind was drifting away. The textbook and homework seemed more challenging to me. Gradually, instead of making progress, I regressed in the English class.（基模：飲鴆止渴 Archetype： Fixes That Fail）

Now, I realized that cramming for English made me physically and mentally exhausted. As a vicious cycle, it had a negative impact on my English learning. To solve the problem, I decided to hire a tutor who could meet me 45 minutes three times a week. Though it would cost me more, I hope he/she could really adhere to my learning problems, alleviating my learning load and stress. So I can yield twice the result with half the effort.

附件二

依據上述題材、內容所製作的簡報。文字資料僅供簡報者參考，真正簡報時，務必只放圖檔，否則聽衆會只看文字，失去簡報的意義。

An example for presentation

~Why did I regress in learning English?~

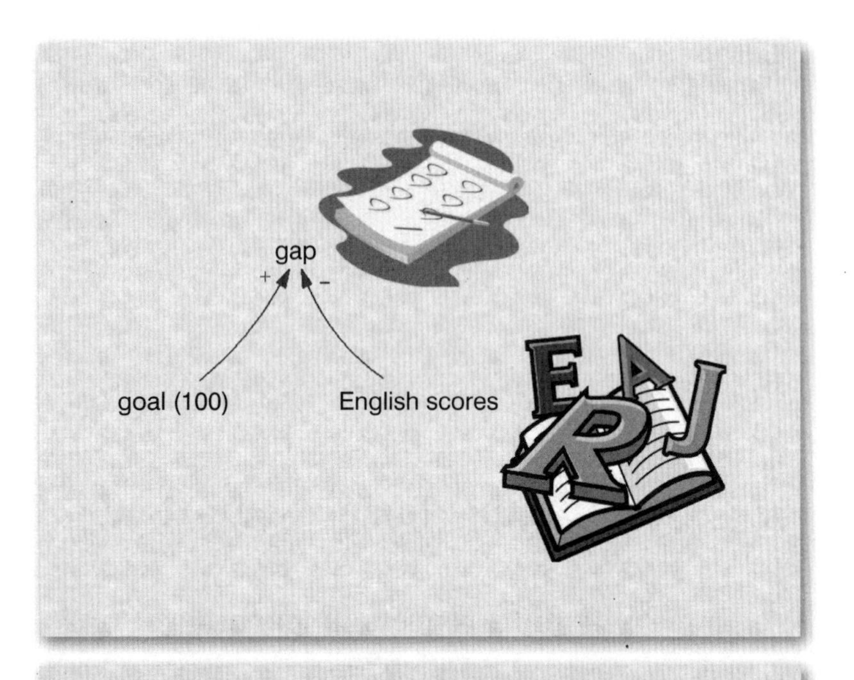

After the midterm exam, I found I scored only 60 in "Freshman English."

I was so depressed because I, when in senior high school student, used to be one of the top three students in the English class.

So I made up my mind to reach 100 in the final. I knew there was a great gap between the goal and what I was at the time.

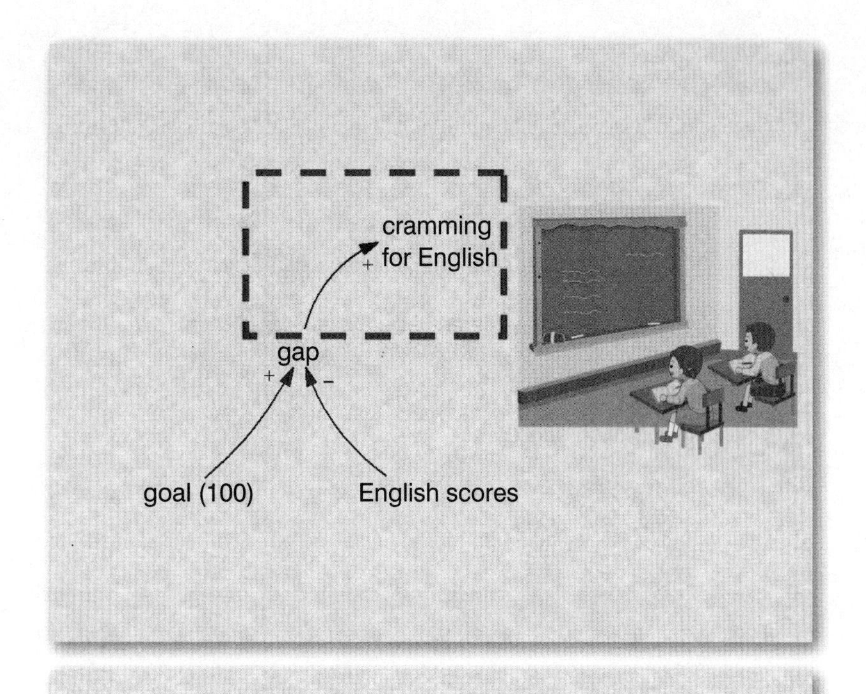

But there was nothing impossible.

I decided to go to "Global Village," a famous cram school, to improve my English every Monday, Wednesday and Thursday.

I expected that I would make great progress and hence I would realize my goal at the end.

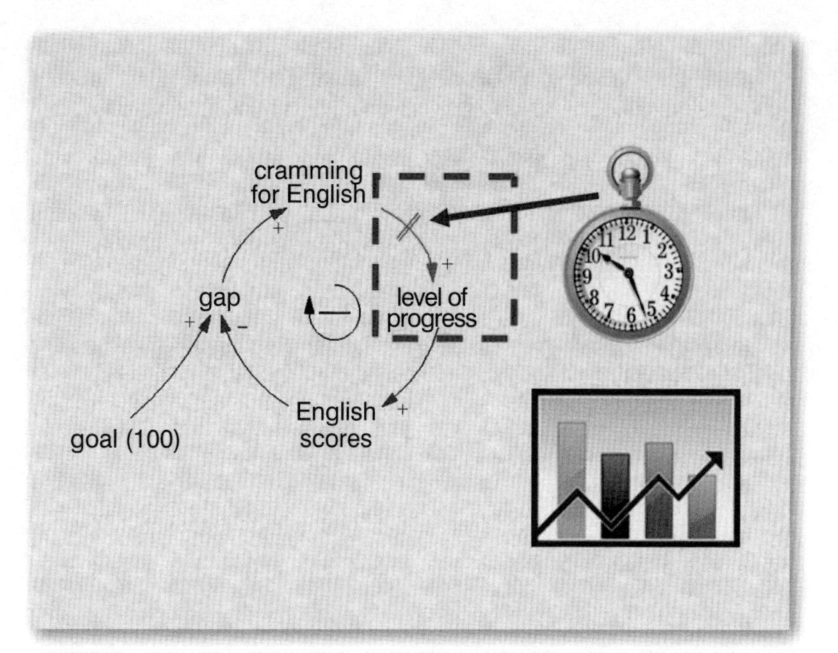

However, I didn't realize language learning was a long-term process.

Although I spent 6 hours at Global Village every week, my efforts didn't pay back immediately.

After a month cramming for English, my English score was still low—60-65.

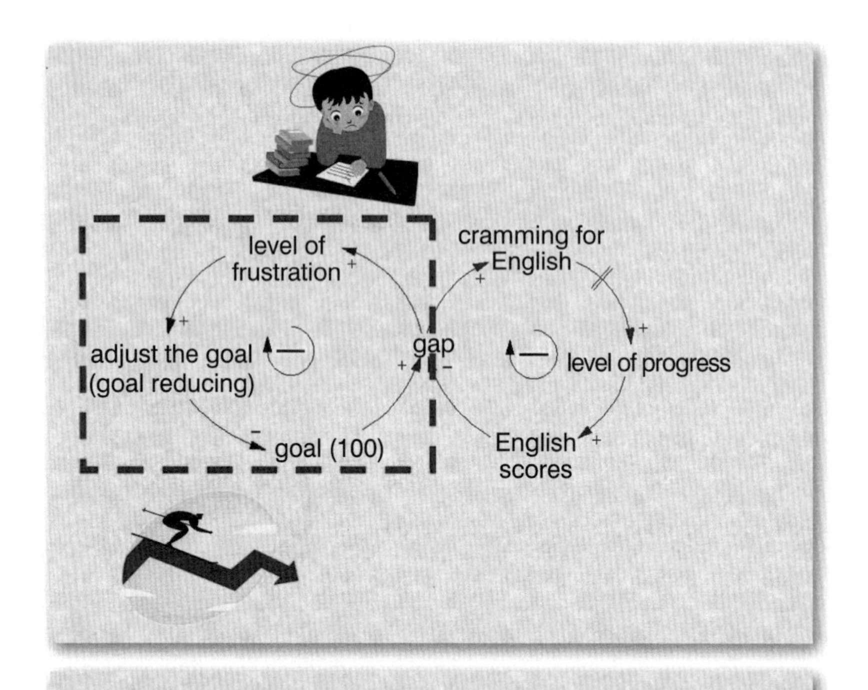

I felt more frustrated than before.

At that time, I decided to be more practical so I adjusted my goal from 100 to 80.

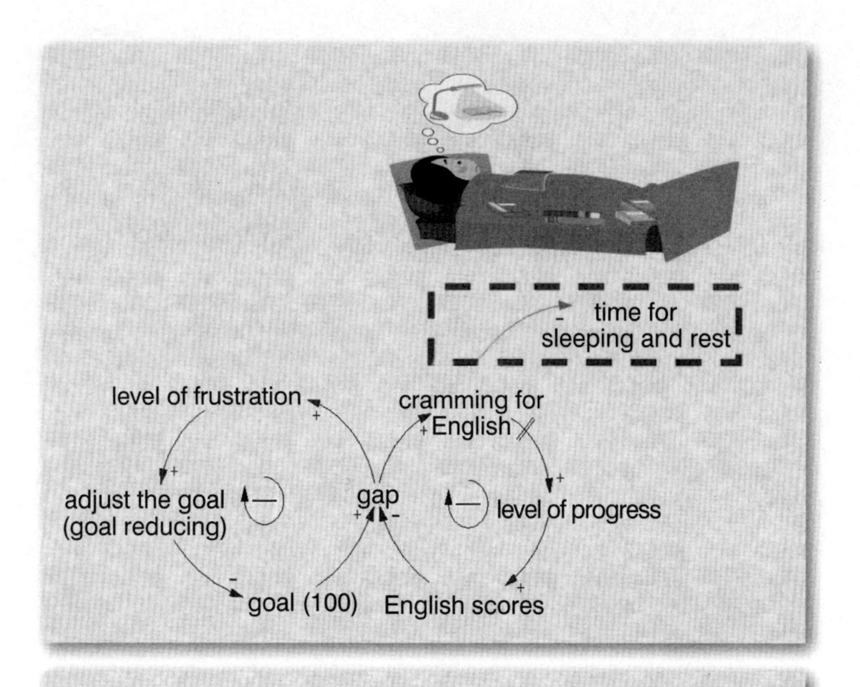

Nevertheless, going to the cram school resulted in something unexpected.

It took much of my free time for study and rest.

I felt exhausted every night when I went home.

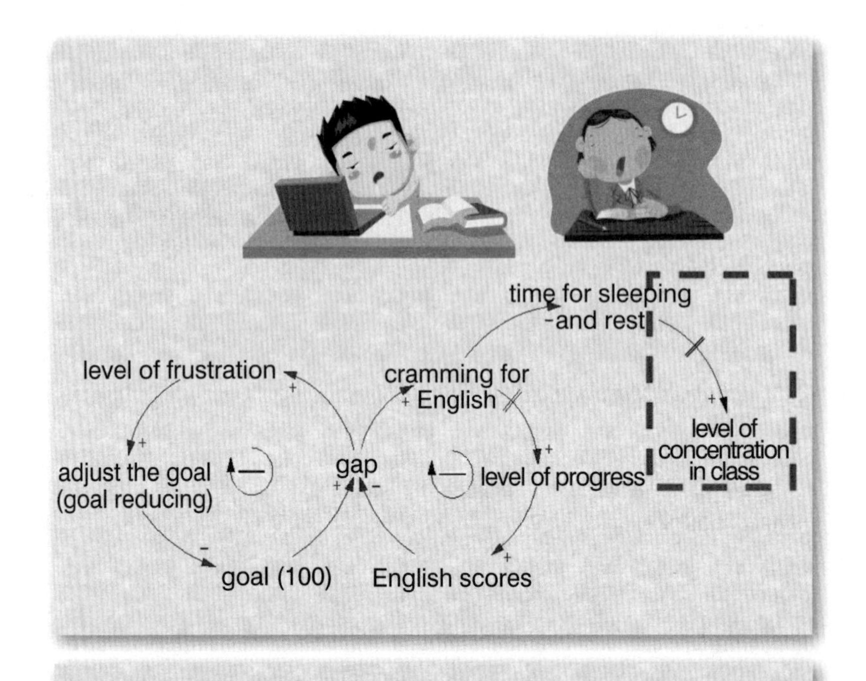

What's worse!

I failed to concentrate on the teacher's lectures the next day.

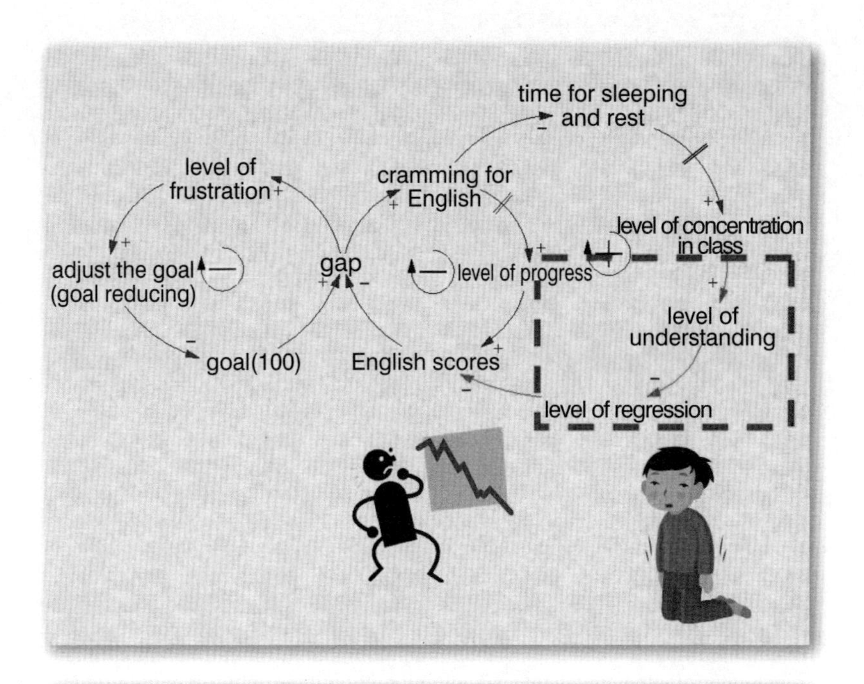

Sometimes I missed the key words or sometimes my mind was drifting away.

The textbook and homework seemed more challenging to me.

Gradually, I failed to make progress but regress in the English class.

4

昏迷中的菜籃族

系統思考與財務分析能力

劉馨隆、楊朝仲

「財務力」不等於「財力」，因爲有雄厚財力的人，往往會忘了「財務力」的重要；而無雄厚財力的人，卻可能透過「財務力」的發揮而累積財富，造就己身的「財力」！

曾任中華經濟研究院董事長的朱敬一教授曾在《聯合報》上刊登一篇名為「結構債如何變成大妖怪？」的文章[1]，在這篇文章中，朱董事長提到了一個觀念，那就是如果我們把很多事都只看成獨立而不相關的個體，那麼在財務風險的評估上，將會產生非常大的謬誤。他指出之所以會產生引起全球金融風暴的美國金融危機，其中有一個很重要的原因就在於金融界在評估風險時，將很多看似不相關卻相互連動的事情，用非常機械式的方法加以分割，並且獨立看待。於是很多風險其實非常高的事情，在這樣的錯誤評估下，卻變成十拿九穩的事。

如果你已經讀過本書的第一及第二章，我們相信你在看到朱董事長所提出的見解時，應該會會心一笑。本書在第一及第二章中已經告訴過你，看待事物要從整體、系統的角度出發，並且教了你一個思考、尋找事物之間相關聯性的具體方法，以下本書將嘗試於財務力上運用這種方法。

何謂財務力

錢非萬能，但沒錢，卻萬萬不能！

近年來，大環境變化迅速，在報章雜誌常看見許多人的家庭因財務狀況不佳，經濟陷入困境，有人舉債度日，成為卡奴而愈陷愈深，輕則生活困頓，重則燒炭自殺。錢雖不能代表一切，但如果基本生活需要無法滿足，還談什麼精神生活？俗語說：「貧賤夫妻百事哀」，縱然胸懷大志，一旦身無分文，壯志也難伸！

---

[1] 2009年4月6日《聯合報》，A4版。

錢是一種經濟資源，是人類文明社會的一種產物，以物易物的遠古交易模式，其交易成本高、物品的流通效率低，因此，聰明的人類就發明了貨幣這個有效率的制度，也造就人類的文明社會。「錢」狹義來說，就是「貨幣」；廣義來說，就是所有的有價資產可以貨幣表示其量值。「錢」可以換取基本生活所需，如食、衣、住、行、育、樂等，「錢」亦可轉換成其他生產投入要素，透過「生產」的過程，產生具額外附加價值的產品，藉由產品的銷售換取更多的金錢，有了更多的金錢就可以換取更多或更好的生活所需。所以錢雖不能代表一切，在現今的社會裡，卻是不可或缺的。

有人努力工作，終日忙得團團轉，徒勞終其一生，財富也沒增加！有人寄望於求神問卜或寄情於賭博，希望人生有奇蹟！有人偷拐搶騙不擇手段，落得身心不寧或入監服刑的慘痛代價！基本上，筆者認爲「人性本貪」是正常的，人對於錢或財富的渴求，是源於人需要滿足基本生活及追求更好的生活品質，只是「貪念」的付諸行動是否對他人造成傷害？是否合法？是否會讓自己陷入萬劫不復的困境？

人不理財，財不理人！

如何有效地規劃、管理、謀取財富的能力，就是所謂的「理財能力」，現今社會中，經濟體系的運作是人爲創造出來的，人並非天生就具備理財能力，就如同沒有人一出生就認識字一樣，理財能力是需要學習的。理財能力源於瞭解與分析「財富」問題的能力，因此本章將以「財務分析能力」（以下簡稱「財務力」）表示之，以強調財富問題分析處理的能力，而不是擁有財富多寡。「財務力」並不等於「財力」，有人出生含著金湯匙，

「財力」雄厚，但俗語說：「富不過三代」，因為有了「財力」的人往往會忘了「財務力」的重要，下一代如未予足夠之「財務力」的訓練，很快地，「財力」也就會消失殆盡，而有「財務力」的人，卻可能透過「財務力」的發揮，累積財富，而造就己身之「財力」。

「財務力」已是現代人不可或缺的一種基本生存能力，然國人一談到錢，總是覺得銅臭味很重，因此在學校基礎教育內，甚少提及，也造就國人對金錢觀念的認知不足。金錢價值觀的不正確，會衍生出社會價值觀的不正確，及缺乏對於金錢判斷處理的能力，當遭遇困境時，往往不知所措，每年國人被詐騙高達千億，著實凸顯國人金錢理財觀念的不足。

現代化的生活中，個人的財務力可能源於個人價值觀與學習歷程，分述如下：

1. 個人之價值觀

每個人的成長環境與生活經驗都不同，也因此造就了每個人的個性與能力。通常家庭環境經濟不錯者，比較不會有經濟上的壓力，故學習理財能力的動機也相對不強，但他們卻有可能接受充分的教育學習機會、資源及資訊，所以此部分的人，其「後天失調」問題較為嚴重。相反地，生長家庭環境經濟較差者，對金錢的觀念較為保守，學習理財能力的動機會比較強烈，但他們接受的教育學習機會、資源及資訊可能不足，屬弱勢族群，所以「先天不良」問題較為嚴重。

個人價值觀，亦牽涉到個人個性或者是主觀的風險態度，有人喜歡風險，有人厭惡風險，故相同的情境，不同的人會有不同決策，也因此會造就不同的理財效果。然由於每個人價值觀殊異，不同的理財效果或許都是可接受的，有人汲汲於富貴功名，有人則是嚮往風清雲淡，俗謂：「青菜蘿蔔，各取所需」，但前提是能否滿足個人的基本所需。

2. 學習經驗

理財技術需要靠學習，通常專業人員會經過特殊專業學習過程，如企業的財務專員，然而目前個人理財雖是現代生活必備的基本能力之一，多數人卻苦無機會接受專業技術的訓練，甚至因爲缺乏相關學習經驗，而忽視其重要性。知識是需要靠時間去累積的，因此個人如能及早意識財務力的重要，從日常生活多去關心與瞭解，就愈有機會造就己身之財務力。

生活學習的經驗是個人財務力形成的重要關鍵，但國內的家庭教育與學校教育往往未能提供正確與足夠的理財知識。有許多剛從學校畢業的社會新鮮人，剛開始嘗試獨立生活時，常因未具備足夠的理財知識，而深陷入不敷出或汲汲於金錢遊戲的泥沼中。個人理財需要具備專業知識，它可說是現代社會生活中必備的常識。正確的理財觀念最好是從小開始培養，尤其是在國中、高中課程中加入理財相關課程，如果能在比較有數字概念的國小高年級學生的一般生活常識類課程中加入金錢與理財概念，是最適合不過的。當然家庭教育中，父母適時的導引正確的理財觀念，也是非常重要的。

俗謂：「人不理財，財不理人」，從天而降的財富遙不可及，財富的累積又是得靠能力與時間，及早開始是成功的第一步。

系統思考之分析工具——存量與流量圖

個人的財富會隨著時間及各種因素產生變化，因此財務分析與金錢的流動變化（如金錢累積、金錢流入與金錢流出的關係）是有關的，但是在本書第二章介紹的因果回饋圖或系統基模很難直接表達出這種流入、流出與累積的現象。因此麻省理工學院的佛睿思特教授[2]設計出一套特有的符號來描述系統中庫存與流量的互動，用這種符號描述的圖便稱爲存量與流量圖或系統動力流圖。

在存量與流量圖（系統動力流圖）中有四個基本符號：存量（存量）、流量（）、箭線（）以及輔助變數（VAB）。其中「存量」係表示某一系統變數在某一特定時刻的狀態，其數値大小是累加了流入量與流出量的淨差額所產生之結果，可說是系統過去活動結果之累積；「流量」則表示某種儲存變數變化之快慢，代表著一種瞬間的行爲，其數値多由存量變數與輔助變數之交互關係來決定；輔助變數則代表參數或變數的設計；箭線則用來表達輔助變數與流量、存量三者之間相關資訊的傳遞。

舉例來說，圖 4-1(a) 爲一本金與利息的因果回饋圖，當本金產生利息，利息又會滾入本金，而當本金增加，又會產生更多利息，隨著時間，本金將會累積得愈來愈多。此外，利率的高低雖然無法改變正回饋環的特性，但是會影響本金累積的快慢。從上述的說明可知，「本金」具有隨著時間累積的特性，「利息」可視爲在單位時間內進入本金的流入量，而「利率」僅爲單純的變數。但是在因果回饋圖中，只能呈現本金、利息和利率這三者間

---

2 楊朝仲、張良正、葉欣誠、陳昶憲、葉昭憲著，《系統動力學》（臺北，五南圖書出版股份有限公司，2007）。

的因果連動關係，無法直接觀察出累積與流量的互動行為。倘若我們將此因果回饋圖重繪成存量與流量圖，如圖 4-1(b) 所示，可以發現「本金＝存量」、「利息＝流量」、「利率＝輔助變數」，所以累積、流入量、單純變數的互動行為即可輕鬆地觀察出。

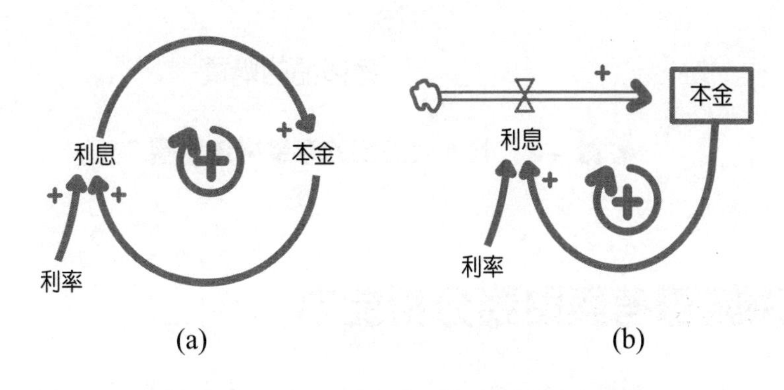

圖 4-1　本金與利息的存量與流量圖

再舉一簡例說明，假設一個人「儲蓄」來自「收入」減掉「支出」，則我們可以將「儲蓄」當作是一個「存量」，而「收入」與「支出」為流量，「收入」為流入量，「支出」為流出量，而「奢侈品的購買」為一輔助變數。「收入」會增加「儲蓄」，儲蓄的增加可能會增加「奢侈品的購買」，而「奢侈品的購買」增加會增加「支出」，而「支出」的增加會減少「儲蓄」。儲蓄減少理當減少奢侈品的消費，然俗語說：「由儉入奢易，由奢返儉難」，持續性消費奢侈品的習慣，在收入無法同時增加的狀況下，積蓄會逐步消耗，最後儲蓄可能會消耗殆盡（這裡的負回饋環表示儲蓄會往 0 的方向逐漸趨近），這是一般人常見財務狀況不良的原因之一。此問題如以存量與流量圖的方式來表示，讀者將會非常容易理解，如圖 4-2 所示。所以本章節後續的財務力相關分析與說明，都將使用存量與流量圖。

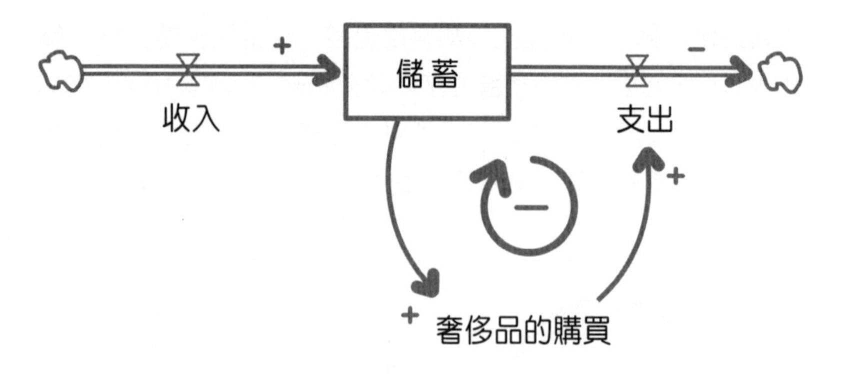

圖 4-2　收入與支出的存量與流量圖

系統思考與財務分析能力

財務分析能力並不像學工程一樣，當你懂得一個分析計算公式，只要正確代入相關參數就會有標準答案。由於大環境的變化迅速，經濟運作的模式也瞬息萬變。以 2007 年底爲例，當時大家正爲全球經濟蓬勃成長、全球股市飆漲而歡天喜地；然而不到半年，美國次級房貸問題延燒全球金融體系，全球經濟爲之急凍衰退。這已不是金融風暴可比擬，大家惶恐地稱之爲金融海嘯。因此，財務分析能力除必須具備基本的理財知識外，觀察力、敏感度、正確觀念與態度亦是重要的。另外，財務分析能力牽涉到個人的價值觀、個性與思考行爲，所以每個人都應該培養適合自己的理財模式，因此本節希望能透過將系統思考導入財務分析的介紹，讓讀者能試著設計出符合你自己的財務分析方式。

從資產負債表的觀點

先介紹建立「財務力」時應具備的一些財務基本觀念。一般在管理領域中，欲分析一家企業的財務狀況，都會從會計作業或財務管理的觀點分析，其中最常用的工具就是資產負債表，個人財務分析亦可參考此種方式來進行，表 4-1 即是適用一般人的資產負債表簡例。

表 4-1　適用一般人的資產負債表

總資產	總負債
・流動資產： 現金、活期存款、珠寶、股票、基金等 ・固定資產： 建築物、土地等 ・無形資產： 智慧財產權、商標權、專利權等	・負債： 抵押貸款：如房貸、車貸等 信貸：如親友借貸、銀行信用貸款、卡債等 ・股東權益（淨資產）

以會計的角度來說，**總資產＝總負債＝負債＋股東權益**，也就是說一家公司所擁有的有價資產，都是由債權人或是股東所擁有的。個人亦同，個人所擁有的有價物品都是一種資產，包括現金、珠寶、汽車、不動產等。但是爲了擁有大量的有價資產，背後卻欠了一屁股債，那並不表示這個人的財務狀況是良好的。所以個人財務狀況應從淨資產的角度來看，即**淨資產＝總資產－負債**。淨資產也就是股東能享有的權益或財富，以個人的角度來說，股東權益（淨資產）指的就是個人眞正擁有可自行運用的「財富」。如以存量與流量圖的方式來表示，如圖 4-3 所示。

圖 4-3　資產負債圖

資產負債表的分析，是一種特定時間點的靜態分析，但是隨著時間的改變，資產負債狀況也會跟著改變。此外，財務狀況除了可以經由資產負債呈現出某一個時間點的大致狀況外，還需考慮隨時間產生動態變化及流動性風險的問題。所謂的流動性風險指的是收入與支出的發生時間性問題，如信用卡費用已到期，薪資卻未入帳，此時即會產生違約而遭受額外的損失，此爲財務分析時重要的議題，但本書爲先建立讀者財務力的初步認知，故暫不討論個人流動性風險的財務問題，流動性風險的財務問題可做爲進階研讀時，再去瞭解。

個人資產負債隨時間產生動態變化的重要關鍵，就是下面要談的「現金流量」。

從現金流量的觀點

所謂現金流量，簡單的說，就是錢（現金）的「流進」與「流出」；換句話說，「流入」就是賺錢，等於「收入」，而「流出」就是花錢，也等於「支出」。當「流入」比「流出」大時，現金（儲蓄）會累積增加，當「流入」比「流出」少時，現金（儲蓄）就會減少，故現金（儲蓄）的增加＝收入－支出，而現金的多寡直接影響個人財富的多寡。廣義的現金包含了股票、短期定存等可短期內轉換現金的有價證券，或可短期內轉換現金的有價物品，如黃金、珠寶等，上述我們也可以稱之爲「約當現金」或「流動資產」。而流動資產，亦可依個人需求或偏好轉換成其他資產，如固定資產中的不動產。

個人現金流量之流入與流出項目，可如表 4-2 所示：

表 4-2 個人現金流量之流入與流出項目

收 入	支 出
◎工作收入	◎基本生活必須支出（個人與家庭）
✡ 職業收入	✡ 食
✡ 兼職收入	✡ 衣
✡ 額外專長	✡ 住（含電費、水費等）
✡ 增加工時	✡ 行
✡ 參與競賽	✡ 醫療
◎投資收入	✡ 教育
✡ 投資金融市場	◎人際關係必要支出
＊存款利息	✡ 紅白帖
＊基金	✡ 聚餐
＊股票	◎休閒支出：提升生活品質
＊債券	✡ 遊憩
✡ 投資實體市場	✡ 觀光
＊商品買賣	◎奢侈品支出：炫耀性消費
＊不動產買賣	✡ 名牌
＊企業經營	✡ 珠寶
◎其他收入	✡ 豪宅、名車
✡ 意外之財	◎其他支出
✡ 他人贈與	✡ 投資損失
✡ 家中祖產	

俗諺：「家財萬貫，不如一技在身」，工作收入是一般人的主要收入來源，也是最實在的管道。工作收入多是以勞力或勞心換取金錢，當你存有足夠的金錢時，利用「錢」去賺「錢」，往往是最有效率的。錢是經濟資源，當你以其換取生產投入要素來生產產品產生附加價值，謀取財富，或將錢這個經濟資源借予他人以謀取利息，皆可增加收入。在投資收入方面，一般來說，股票與基金的進入障礙較低，爲一般人常用的理財工具。此外，因爲每個家庭都有住的需求，所以不動產投資除可滿足住的需求，亦有保值與投資效益。在收入項目之其他收入方面，意外收入通常是可遇不可求，如中樂透的機率很低，又如他人贈與及家裡祖產的繼承，這兩者雖然可以增加財富，不過一般狀況都是可遇不可求，因此本書就不多作討論。

在支出部分，包含基本生活所需之支出，如食、衣、住、行、醫療等。現代化社會中，個人或子女的教育支出，可謂爲基本支出，且教育支出可能增加未來的工作收入。人是群體的動物，在人的社會中，人與人之間的互動是不可避免的，尤其在華人的社會，常講人情世故，所以人際關係的支出也是一般人常見的支出，包括紅白帖、聚餐、請客等。有時，人際關係的支出不全然是單純的支出，亦可能在未來創造收入，如同有人說，你未來的財富將繫於你的人際存摺是否豐厚。此外，人在滿足基本生活所需後，爲了追求更高的生活品質與滿足感，常會有額外的支出，如休閒支出、奢侈品的支出等。

在探討個人現金流量之收入與支出時，有兩個觀念需特別注意。第一個是「時間滯延」的觀念，一般支出的執行，會造成現金的立即流出，但是收入卻常有時間滯延，如透過教育學習來增加自己的工作能力，工作能力的增加將有助於工作收入的增加，然而此一過程卻需要相當的時間來「發酵」。另一個重要的觀念是「回饋」，如支出的增加可能會促使個人想辦法去增加收入，而收入增加後，亦可能會促使支出增加。又如教育的支出，將有助於工作能力的提升，工作能力的提升則可增加收入，然而支出是馬上發生，收入的增加可能得等上一些時間（或跨期），這就是「因果回饋」關係的「時間滯延」。

每個人的財富會隨著時間產生變化，以一般人簡單來說，可分爲如下的四個時期（如圖 4-4）：

1. 青年時期（20～35歲）

一般來說，除非家財萬貫，否則青年時期擁有的財富是較少的，加上現今的社會，想要在職場上謀取好的工作職位，良好的教育是必備的，故教育費用在支出部分所占的比例很大。隨著職場工作的投入，以及量入爲出的運作下，財富將會逐漸緩步增加。

2. 壯年時期（35～50歲）

隨著年資、經驗與學習的累積，工作的收入將會迅速增加，因此財富累積的曲線很快上升。

3. 中年時期（50～65歲）

憑藉著青年與壯年時期的累積，除工作收入增加外，可能還會有額外的投資收入，所以通常中年初期財富亦會快速累積，然而因體力已逐漸衰退或已達職位上限，故在中年末期，財富累積的速度會開始變慢。

4. 老年時期（65歲以後）

因工作能力的衰退或退休、醫療費用增加，除非有足夠的投資收入，否則財富會快速下降。所以此時期財富會增加或持平或減少，均是反映前面三個時期的理財規劃是否得當。

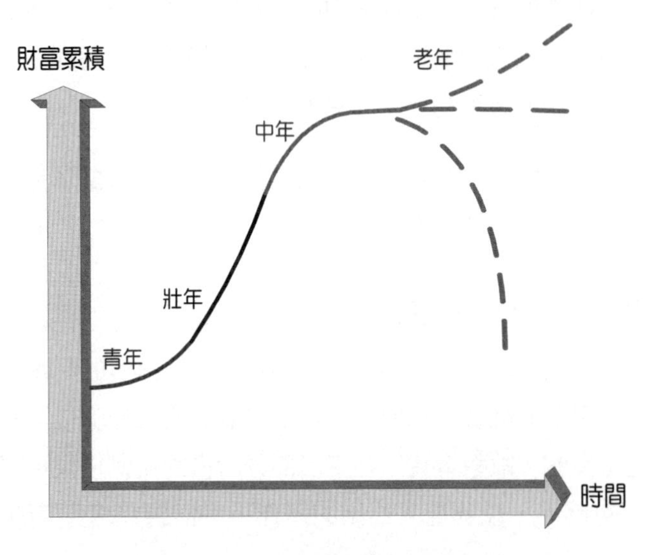

圖 4-4 個人財富累積變化圖

個人理財規劃的系統思考分析

每個人在進行個人的理財規劃時，在不同的時間點擁有的條件與資源亦不同，需考量的因素眾多，如能透過一個系統化的思考過程，將有助於釐清問題與對症下藥。我們用一個簡例來說明個人理財規劃的系統思考分析流程，假設有一個人從研究所畢業後，工作到現在 35 歲（青年末期）。本案例的存量與流量圖如圖 4-5，個人青年時期之現金流量表與資產負債表如表 4-3（爲簡化問題，暫不考慮貨幣時間價值的問題）。其中，財富總淨額爲總收入扣除總支出後之存款（流動資產），加上房子現值（固定資產），再減掉還未還款之房貸（負債）。因爲青年時期之工作薪資收入較低（假設平均年薪爲 60 萬，所以十五年下來共有 900 萬），加上買房子有頭期款的現金支出（100 萬），及對於基金投資的不熟悉而遭受損失（20 萬），與人際關係支出（30 萬）和基本生活支出（550 萬）的開銷，故現金（儲蓄或流動資金）之累積僅爲 200 萬，加上所買的房屋現值（600 萬）與扣除未歸還貸款（500 萬），目前之財富總淨額爲 300 萬（200 萬＋600 萬－500 萬）。假設這位仁兄希望在壯年末期（50 歲）時，財富淨額能達到 1,300 萬，以期能有足夠財富在中年時期來累積更多財富，並因應未來老年時期的所需。

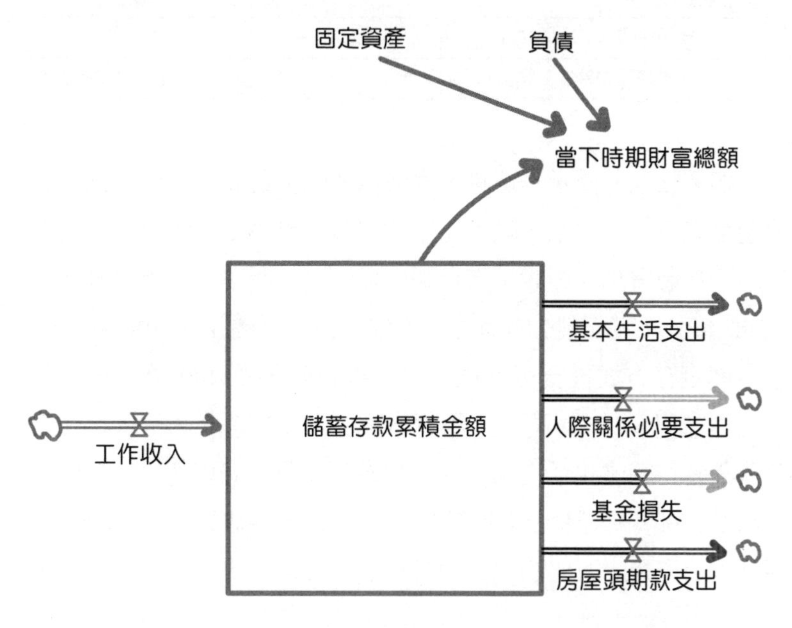

圖 4-5　個人收支存量與流量圖（青年末期）

表 4-3 青年末期財富狀況表（單位：萬元）

現金流量表			
收入項目	收入金額	支出項目	支出金額
工作收入	900	基本生活支出	550
		人際關係支出	30
		房屋頭期款支出	100
		基金損失	20
總收入金額	900	總支出金額	700

資產負債表			
資產		負債	
流動資產淨額	900-700＝200	負債項目	
固定資產項目		房貸	500
房子市價	600		
當期財富總淨額（淨資產）			200＋600－500＝300

如果該仁兄僅是一位具有專業技能的上班族，未來十五年主要還是靠工作領薪水，隨著年紀的增長，雖然工作所得亦會隨著年齡與經驗增加（假設平均年薪已達百萬，所以十五年下來共有 1,500 萬），投資能力也增加，假設利用原有儲蓄（200 萬）以基金與定存方式投資可增值一倍（投資收入為 200 萬），但基本生活支出（1,100 萬）、房貸本金支出（250 萬，房貸利息部分假設當作基本生活支出）、人際費用支出（150 萬）、奢侈品支出（150 萬）等也隨著時間增加，該仁兄評估以目前之模式持續下去，未來十五年的現金流量與資產負債狀況，將如表 4-4 所示。

表 4-4 預估壯年末期財富狀況表（單位：萬元）

現金流量表			
收入項目	收入金額	支出項目	支出金額
工作收入	1,500	基本生活支出（家庭支出、小孩教育費支出等）	1,100
投資收入	200	人際關係支出	150
		奢侈品支出	150
		房貸本金償還支出	250
總收入金額	1,700	總支出金額	1,650

資產負債表			
資產		負債	
流動資產淨額	200（前期流動淨額）+1,700－1,650=250	負債項目	
固定資產項目		房貸	250
房子市價	800		
當期財富總淨額（淨資產）			250+800－250=800

依表 4-4 之資料，現金部分爲 250 萬，僅增加 50 萬，房子市價上升（800萬），房貸部分扣除已歸還房貸本金 250 萬，目前仍有 250 萬的貸款應歸還。因此該仁兄於壯年末期，其財富總淨額僅達 800 萬（250 萬＋800 萬－250 萬），距離其原訂之目標1,300 萬尚有一大段的距離，故需要利用系統思考的回饋觀念來分析修正之，如圖 4-6。

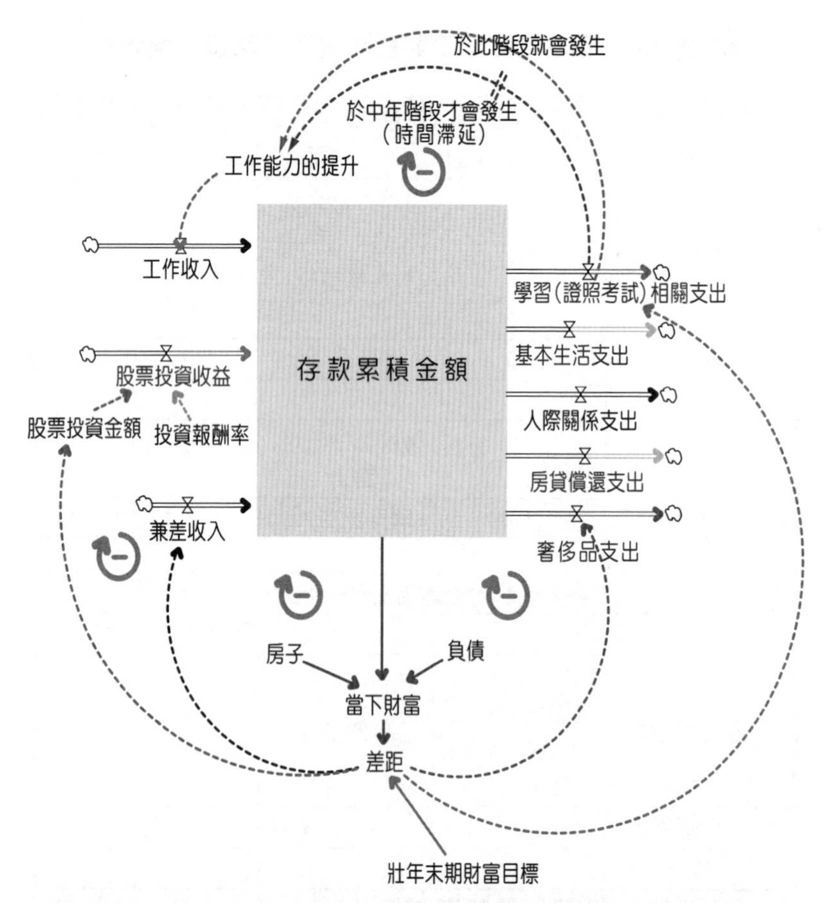

圖 4-6 個人收支回饋分析之存量與流量圖（壯年末期）

因爲壯年末期當下財富與目標間存有很大的差距，因此可想辦法在支出與收入間之因果回饋關係中，尋找減少差距之策略，如：

1. 減少名牌購買慾望，即可減少支出，減少支出即可增加財富淨額，進而減少財富差距。

2. 增加兼職機會，增加兼職能增加工作所得，財富淨額就會增加，進而減少財富差距。

3. 增加自我教育學習支出，如參加研習或補習證照，以增加職業技能。教育支出會增加支出，但是教育學習所提升的工作能力會進一步增加工作所得。教育學習所帶來的工作能力之提升，有當期就會發酵的，如：與自己工作相關的專業證照之取得，也有下一時期才會開花結果（中年時期亦可能增加其收入），即爲跨期的時間延滯，如：學位的取得或第二專長的培養。所以圖 4-6 中，在學習相關支出與工作能力的提升之間有兩條因果關係線，一條反映上述的證照影響，另一條有時間滯延的線（加註兩斜線）反映上述的學位取得或第二專長的培養。所以對於如教育學習類的支出，因其具跨期時間延滯的因果回饋，如能及早開始與規劃投入，對於未來財富的累積將有相當的助益。

4. 增加投資收入，壯年時期僅採用基金與定存投資，報酬率不夠高，因此可藉由研究，投資股市，來提高報酬。報酬增加可提高收入，財富淨額就會增加，進而減少財富差距。

藉由以上策略的確切執行，修正後壯年末期的現金流量與資產負債狀況如表 4-5，其中，藉由奢侈品的減少支出（減少100 萬）挹注至自我教育學習支出（學位的攻讀或補習證照等的支出經費爲 100 萬），假設專業證照之取得可增加 300 萬的工作收入（1,500 萬 ==> 1,800 萬）。假設兼職收入爲 100 萬，及股市投資收入能再增加 100 萬（200 萬 ==> 300 萬），如此即可在未來十五年達到壯年末期財富淨額目標 1,300 萬。

表 4-5 修正後預估壯年末期財富狀況表（單位：萬元）

現金流量表			
收入項目	收入金額	支出項目	支出金額
工作收入	1,800	基本生活支出（家庭支出、小孩教育費支出等）	1,100
投資收入	300	人際關係支出	150
兼職收入	100	奢侈品支出	50
		房貸本金償還支出	250
		學位的攻讀或補習證照等	100
總收入金額	2,200	總支出金額	1,650

資產負債表			
資產		負債	
流動資產淨額	200（前期流動淨額）＋2,200－1,650＝750	負債項目	
固定資產項目		房貸	250
房子市價	800		
當期財富總淨額（淨資產）			750＋800－250＝1,300

以上簡例，僅是用來呈現個人理財規劃的系統思考模式，然現實世界中，每個人遭遇的狀況會更複雜些，不過思考分析的過程是一樣的，讀者可藉由上述簡例的模式，試著思考分析一下自己的理財規劃。

理財工具的系統思考

理財工具中，股票投資爲常見之工具，股市投資在景氣好時平均年報酬率可達 20%，相當誘人。買了股票，即等於擔任公司的股東，可滿足未能親自創業的慾望，並分享公司的獲利。此外，景氣上揚、物價上揚時，股價常隨之上揚，故具有保值抗通膨之功能，股市的投資門檻很低，只要開個戶，就可進行買賣，所需投資金額，購買零股只需百千元，多則幾乎無上限。藉由投資股市，會讓投資者更關心與瞭解國家及全球經濟脈動。如能自股市中獲利，可呈現出個人精準的觀察分析能力，亦可滿足個人的成就感。綜合上述，股市是一個很吸引一般人的投資理財工具。

投資股市的獲利，來自公司獲利的配股配息與股價波動的價差，而股價的決定來自股票的供需，「供」指的是賣股票的人，代表「空方」力量；「需」指的是買股票的人，代表「多方」力量。如同經濟學中的供需理論一樣，需求增加時，需求線往右上移（D => D'），則股票價格上升；反之，則價格下降。供給增加時，供給線往右下移（S => S'），則股票價格下降；反之，則價格上升，如圖 4-7 所示。

多方空方看法源於每個投資者對於市場與個股的「基本面」、「技術面」及「消息面」的判斷不同，而有買賣雙方的出現。

1. 基本面

包括企業的利基、產業景氣與全球經濟等，基本上是判斷企業體質好壞的依據。對於基本面的瞭解，必須具備企業及產業的

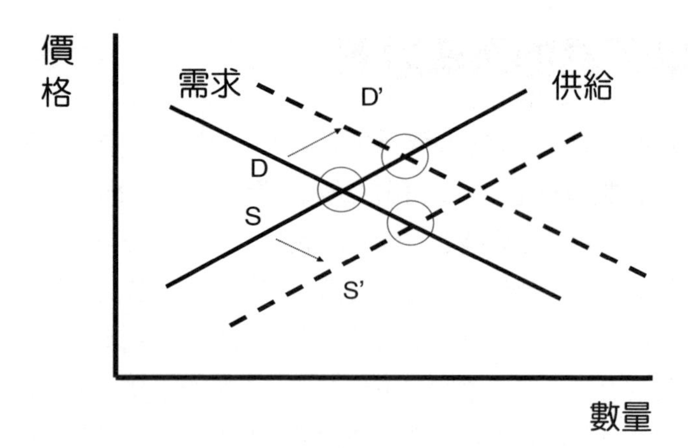

圖 4-7 股票的供需與價格關係圖

專業知識與產業分析能力，對於經濟學與產業經濟也必須具有一定的認知。

2. 技術面

技術面指的是股票交易市場的交易狀況，包括量價變化的技術線型（如單一股票的交易量與價格變化的狀況、大盤交易量與指數變化的狀況）、籌碼穩定度（如融資餘額、融券餘額、外資餘額、大股東持股等）。

3. 消息面

包含市場或企業的利多與利空消息、目前市場主流〔如市場流行（炒作）買賣的類股、是否有主力介入〕等。

股市中主要的投資者包括一般人、主力與法人等。一般人，俗稱散戶，在台灣占股市比例大約 6～7 成，然因專業知識不足與資訊落後，常常成爲被「坑殺」的對象。主力爲投資金額較大者，通常是資金雄厚或有集團串連，有時一些公司的大股東也會藉由股價的操作從中牟利，主力常是具有公司經營的內線消息，或是操弄市場消息來「坑殺」散戶。內線交易屬違法行爲，風險亦高，然獲利誘人，常使主力鋌而走險。法人，包括外資、投信等等，通常因爲其擁有專業的研究團隊，對於資訊的取得與判斷較爲精準，亦爲股市中的常勝軍。

多空力量影響因素衆多且複雜，不同的時間點，會有不同條件的組合情境。一般人如無系統動態思考的觀念與能力，很難作精準的判斷而從中獲利。尤其「基本面」、「技術面」、「消息面」三個向度的觀察判斷，都需要有充足的資訊參考，而一般人取得資訊的時間往往是落後的，此資訊取得的「時間滯延」問題，常是一般投資人不易在股市獲利的關鍵因素。此外，一般投資者對於「基本面」、「技術面」、「消息面」三個向度的判斷，常因基本認識的不足，市場雜訊太多，而陷於買賣操作原則的不斷變動，致使判斷錯誤而遭受損失，所以常見「十個散戶九個輸」的現象。由於系統思考十分強調「時間」影響的重要性，因此極適合運用在同樣與時間有關的股價分析之議題，以下以系統思考探討「爲何在股市投資中，套牢的總是散戶」爲例，讓讀者瞭解如何利用系統動態的觀念來思考股市投資的問題。

範例：為什麼套牢的都是散戶？

爲簡化問題的討論，本書僅針對主要的利害關係對象「外資」、「散戶」、「股價」進行探討。一般股價會隨著時間漲漲跌跌，「買低賣高」是獲利的不變原則，然而一般散戶卻是「買高賣低」，這是有其脈絡可尋的。圖 4-8 爲某一股票股價隨時間的變化圖。下面以：1. 外資：目標趨近；2. 外資+散戶：目標趨近+持續成長；3. 外資+散戶：消長競爭；4. 散戶：持續衰退，四個階段來討論圖 4-8 的股價變化。

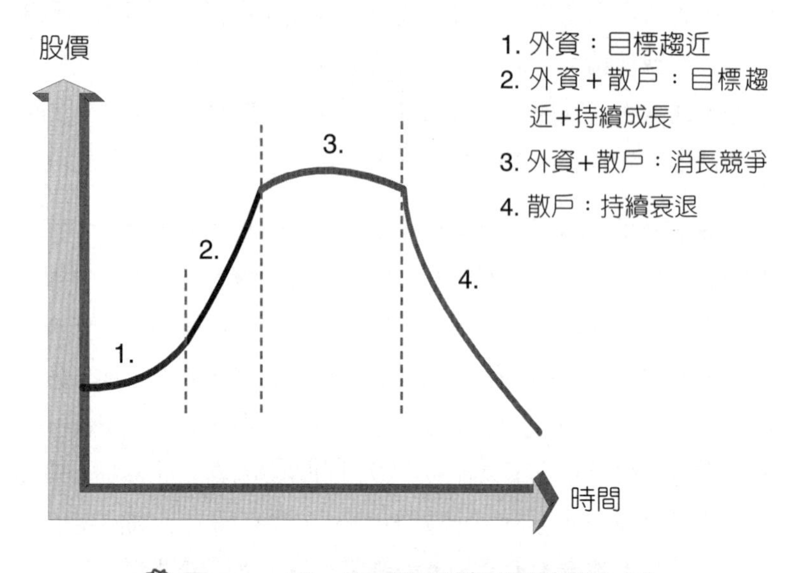

圖 4-8　某一股票股價隨時間的變化圖

1. 外資：目標趨近

外資因爲擁有專業的研究團隊，通常較能掌握產業的動向，因此在發現某股票具有成長的動能時，會先預估未來的目標價格及預定之持有數量，在目標價與現價有足夠的價差時，外資即開始慢慢地購買，以增加持有量。此時因爲外資的持續購買，股價會逐漸被推升。圖 4-9 爲外資目標趨近之存量與流量圖。

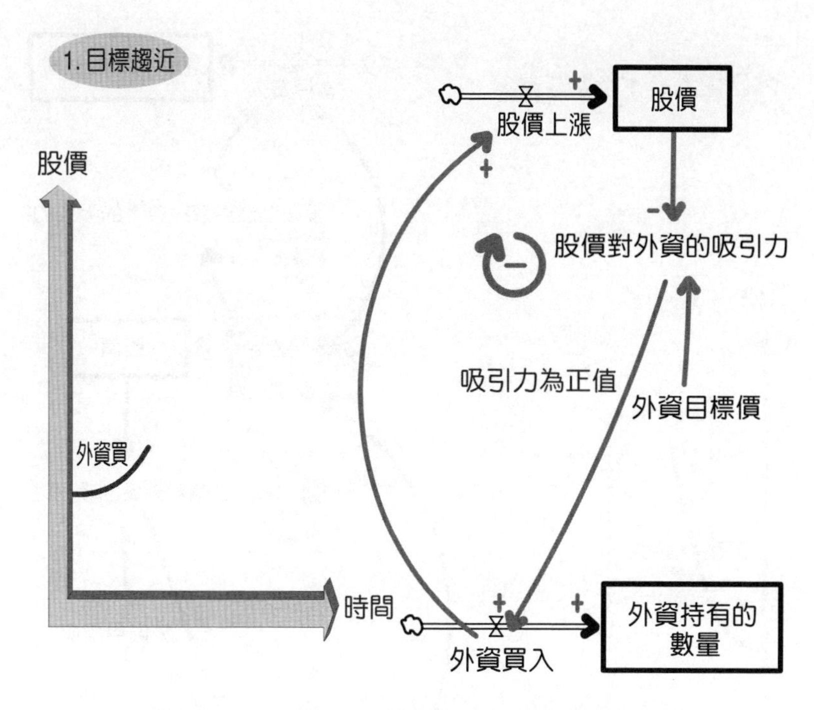

圖 4-9 外資：目標趨近之存量與流量圖

2. 外資＋散戶：目標趨近＋持續成長

隨著股價的上升，股價現值與目標價的價差縮小，外資的購買量也會逐漸縮小。此時，在技術面上仍呈現外資持有量增加及股價上升；消息面上，外資開始在一些報導上給予該股正面評價。因技術面與消息面的訊息，散戶開始注意該個股，經觀察該股股價變化一陣子（時間滯延），一旦確認訊息後，開始購買。此時，該股呈現量價齊揚的狀況，吸引更多投機散戶加入，股價上升更爲快速。圖 4-10 爲外資+散戶的目標趨近+持續成長之存量與流量圖。

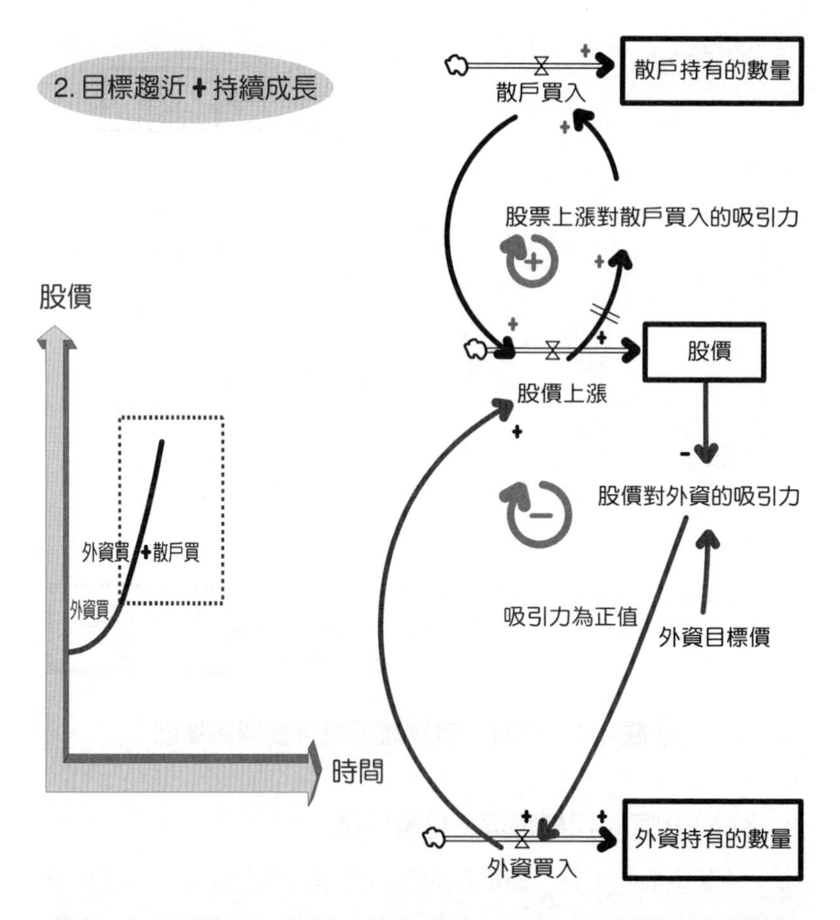

圖 4-10 外資＋散戶：目標趨近＋持續成長之存量與流量圖

3. 外資＋散戶：消長競爭

因爲散戶的加入，股價持續上升，當股價超過外資的目標價時，該股對外資之吸引轉成負值，加上其他國家股票的吸引力，這時外資開始轉買爲賣。此時，多數散戶因市場給予之訊息仍是量價齊揚，因此仍持續進場，初期股價仍在上升，然因外資已開始賣股票，股價上升動能減弱，股價上升速度已變慢，甚至開始緩慢下跌。圖 4-11(a)、(b) 爲外資+散戶的消長競爭之存量與流量圖。

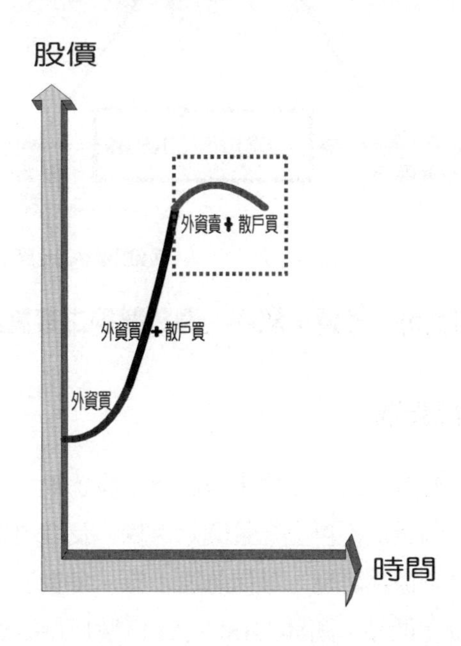

圖 4-11(a)　外資＋散戶：消長競爭之存量與流量圖

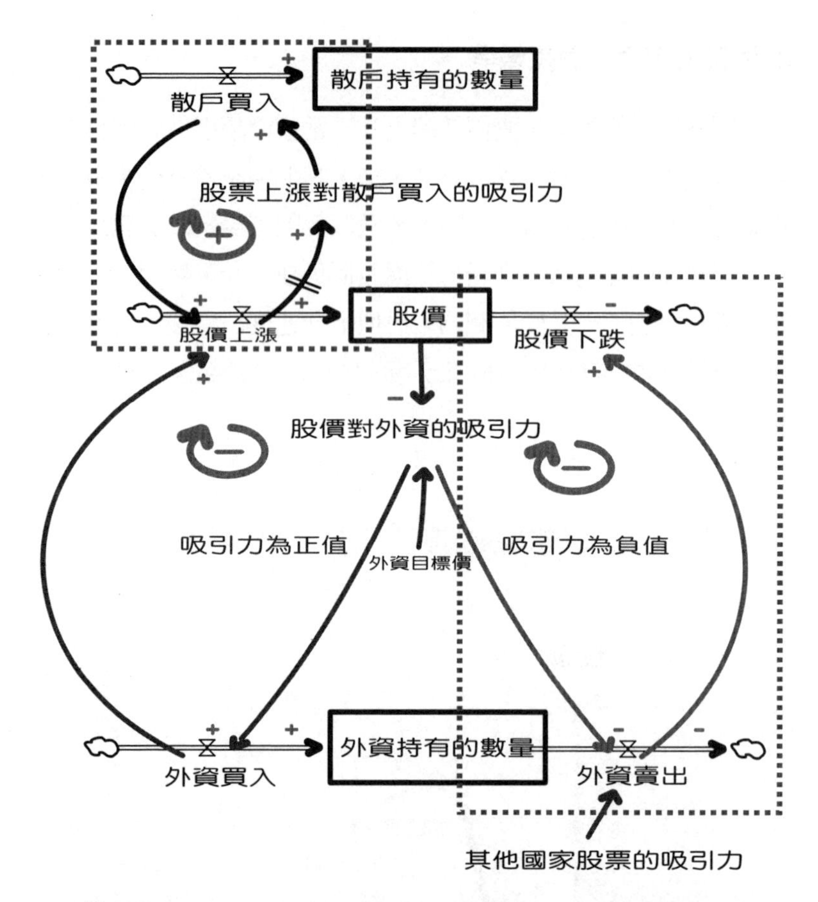

圖 4-11(b) 外資＋散戶：消長競爭之存量與流量圖

4. 散戶：持續衰退

此階段，外資達到目標而出清股票，股票缺少推升股價的重要動能，散戶因股價不再上升且開始下探，及發現外資已經在賣股票，而產生恐慌性賣壓，股價急速下探，多數散戶因觀望不及賣出，最後賣在低點。圖 4-12(a)、(b) 爲散戶持續衰退之存量與流量圖。

上述的狀況，看似簡單，但從過去的經驗裡可發現歷史總是一再重演。有些散戶因挫敗與失望退出市場，也有人不服輸而一意孤行，加上有些新手接續加入市場，造就此等「遊戲」模式一再發生，而且也都相當有效。一般外資操作大多會依循專業判斷，並密切注意資訊的精確與時效，以便進行較有效的操作。至於散戶，則由於資訊的落後，通常僅能扮演抬轎的角色。如遇狠心的主力，以真假消息炒作股價，散戶多淪於被坑殺的對象。因此，對於想要加入股市投資的人，實應對股市的運作系統，多些系統思考。

4. 持續衰退

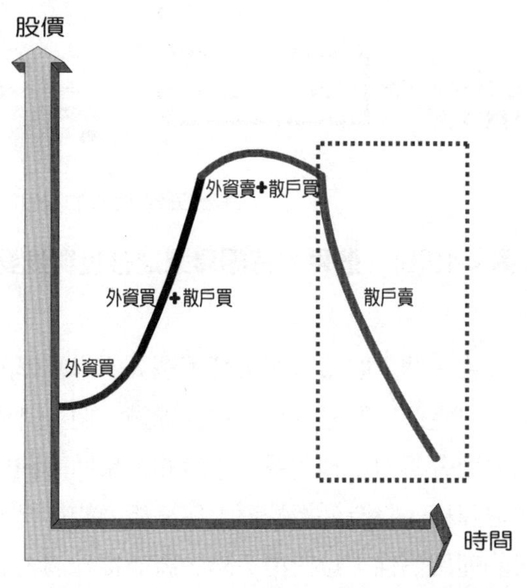

圖 4-12(a)　**散戶：持續衰退之存量與流量圖**

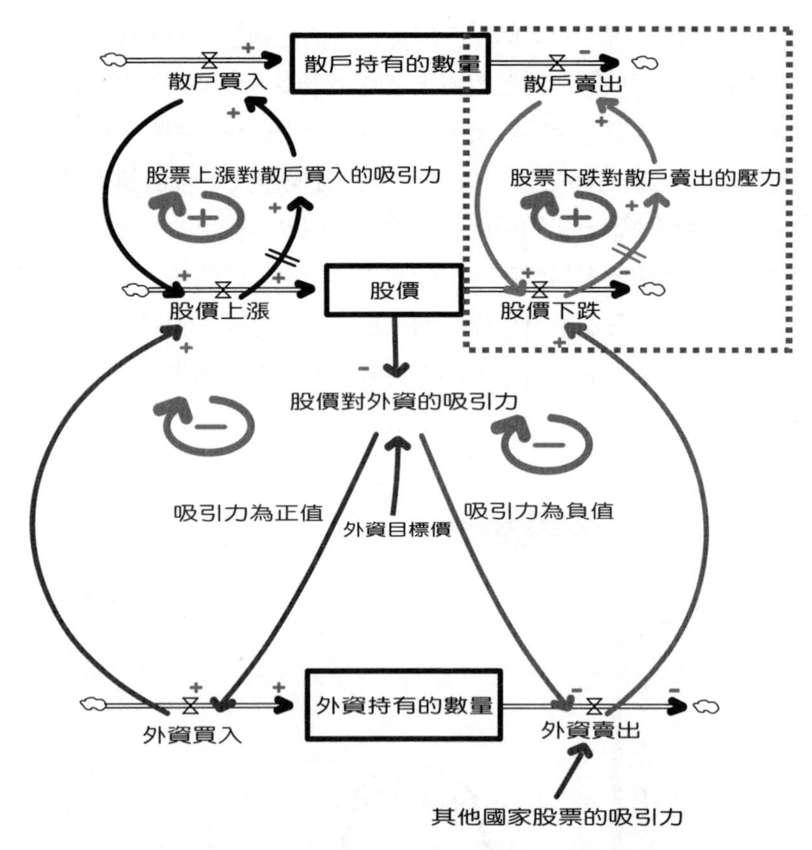

圖 4-12(b)　散戶：持續衰退之存量與流量圖

現今的社會，個人財富狀況影響著個人的幸福程度，然而個人的財務力是決定個人財富累積的重要關鍵，個人財務力牽涉到個人的觀察力與分析力。利用系統思考的因果回饋關係分析、存量與流量圖之建構，將有助於觀察力與分析力的培養，再透過自我檢視個人的理財個性，以研擬策略，將能提升個人之財務力與財富。

5

無厘頭的旅遊

系統思考與專案管理能力

楊朝仲

專案管理將成爲無國界、無產業別的一種「世界語言」，它將會是未來個人職場競爭力的關鍵之一。

何謂專案？

根據《專案管理知識體指南》（*PMBOK guide*）一書所提出的定義，「專案」係指一種暫時性的努力以創造出一項獨一無二的產品、服務或結果[1]。因此專案通常具有三種主要特性：

1. 暫時性（temporary）

專案總有「開始」也有「結束」。當你決定要作什麼時，專案就開始，當你完成了所承諾要交付的產品或服務時，專案就結束。所以專案絕非永無止境的。如：大樓興建有其一定的完工期限。

2. 獨特的產品、服務或結果（unique products, services, or results）

獨特性是專案交付標的的重要特性之一。如：每棟大樓的設計或設施都可以找出和其他大樓的不同處。

3. 逐步精進規劃（progressive elaboration）

一開始，你有目標和計畫，但隨著專案開始逐步進行，你對專案的瞭解會愈來愈多，並依據所獲得的資訊，不斷地進行決策與修正，讓專案維持在正軌上。

上面這三個特性[2]其實並不專指在工作上的土木水利營建工程興建、科技新產品的設計研發與特定產品的行銷等。舉凡與我

---

1 《專案管理知識體指南》(*PMBOK guide*)，第五版（台北，PMI專案管理學會，2013）。

2 以上所述專案的三種特性請見註1。

們日常生活有關的婚禮、旅遊、同學會、露營活動及約會等等一切活動，幾乎都合乎專案的定義。足見專案與我們人類活動的關聯性是非常密切的，所以每個人都應該盡可能的瞭解專案的特性與學習專案管理的技巧，而非專業管理人員才需要觸及。

專案管理與就業力

「專案管理」乃是將管理知識、技術、工具、方法綜合運用到任何一個專案行爲上，使其能符合或超越「專案利害關係者」（如：業主、贊助商、老板、顧客等）需求與期許的一種專門科學。專案管理所關切的是如何將一項任務在如期（時間）、如質（品質）、如預算（成本）的情況下，百分之百達成目標。因此專案管理的重點在於確認專案工作任務、推估專案工作時間、分派專案工作任務、評估專案工作風險。

專案管理可再細分為以下十大管理知識領域：

1. 專案整合管理（Project Integration Management）

專案管理是透過專案起始、計畫、執行、監控及結案等五大程序的運作來進行的。而專案整合管理主要就是在說明這五大程序間的先後進行順序與彼此間的互動關係。

2. 專案範疇管理（Project Scope Management）

專案範疇管理的主要目的，在於確保專案能夠涵蓋所有被要求完成之工作，而且僅包含所要求的工作，以利專案成功完成。

3. 專案時間管理（Project Time Management）

專案時間管理主要是在探討有關如期完成專案的一系列流程與方法。

4. 專案成本管理（Project Cost Management）

專案成本管理是一系列論及使專案能在核定預算內，完成規劃、估計、編列預算與控制成本的流程與方法。

5. 專案品質管理（Project Quality Management）

專案品質管理主要是在介紹一系列能確保專案滿足所欲達成目標的流程與方法。

6. 專案人力資源管理（Project Human Resource Management）

專案人力資源管理主要是在說明組織與管理專案團隊的一系列流程與方法。

7. 專案利害關係人管理（Project Stakeholders Management）

專案利害關係人管理主要依利害關係人的需要、利益及對專案成功的潛在影響，發展適當的管理策略。

8. 專案溝通管理（Project Communications Management）

專案溝通管理主要是在詳述有關能及時與適當地產生、蒐集、發布、儲存，以及淘汰專案資訊的一系列流程與方法。

9. 專案風險管理（Project Risk Management）

專案風險管理主要是在敘述如何在專案中執行風險管理的一系列流程與方法。

10. 專案採購管理（Project Procurement Management）

專案採購管理主要是在分析如何採購、獲得產品、服務或結果，以及履約管理過程中牽涉到的一系列流程與方法。

上述的十項管理[3]，又可根據其特性與目的分成四大類，如圖 5-1 所示。整合管理可歸類爲順利完成工作的「**程序管理**」；範疇、時間、成本與品質管理可歸類爲專案的「**目標與限制管**

管理項目	分類
1. 整合管理	程序
2. 範疇管理 3. 時間管理 4. 成本管理 5. 品質管理	目標與限制
6. 人力資源管理 7. 溝通管理 8. 利害關係人管理	軟管理
9. 風險管理 10. 採購管理	策略

圖 5-1　十項管理的分類

3　以上所述十大管理知識領域請見註1。

理」；人力資源、利害關係人及溝通管理與人的互動有關，可歸類爲專案的「**軟技術（Soft Skill）管理**」；風險與採購管理可歸類爲專案的「**策略管理**」。

目前世界各先進國家的政府與民間企業不只是認知「專案管理」對提升工作效能的重要性，並多半要求其中大型專案的主持人、經理、重要幕僚等，必須接受「專案管理」的專業訓練及實質導入專案管理。如：北京奧運是一個組織龐雜、動員龐大、耗費鉅資興建的大工程，正是因爲深化了專案管理手法，才能順利推動；台北 101 大樓爲總金額 240 億的營造工程，有 95% 是運用專案管理手法安排的。許多國家政府部門與國防、航太、電子及各種高科技產業、研發機構，甚至還要求唯有持有相關證書或執照者〔如美國「專案管理協會」（PMI）所認證的「專案管理師執照」（Project Management Professional, PMP）〕，方具備擔任「專案經理」的條件。這是因爲跨國或虛擬專案團隊的規劃與執行已經愈來愈普及，爲了順利整合團隊間的文化差異與溝通管理形式，專案管理知識體系之標準與規範逐漸被各國所共同採用，所以專案管理將成爲無國界、無產業別的一種「世界語言」，故專案管理的能力將會是未來個人職場競爭力的關鍵之一。

看到這裡，或許有人會問，我想從事或我正在從事的工作既非北京奧運這類的大工程，也非什麼偉大的事業，平常更不用接觸到什麼跨國團隊，專案管理與我又有什麼關係？這是個很好的問題，現在請你想一下，你的人生像不像是一個專案。

首先，你的人生有一定的期間，至少到目前爲止，還沒有聽到有哪個人是長生不老，不會死的，所以，它就像專案一樣，是暫時的，是有期限的。

其次，你能在這個世界上找到一個不論是內在或外在都跟你一模一樣的人嗎？我想不可能，即使是雙胞胎也會有不一樣的地方，更遑論其他人了，因此對這個世界來說，以你這個人作爲主角並進而展開的人生，可說是一個獨一無二的故事，這又與專案的第二個特性，也就是獨特性相符。

再來，人是一種活在地球上的社會動物，因此在生活中，我們一開始預定的目標、我們從小在內心形成的理想，常會因爲受到外在自然、社會環境與他人行爲等各種因素的影響而有所變動與修正，也因此我們常會聽到「謀事在人，成事在天」、「人生不如意事，十之八九」，以及「是人在配合環境，而不是環境在配合人」等幾句話，而這又與專案的第三個特性，也就是逐步精進規劃相合。

我們認爲人不需要看輕自己，姑且不論你想從事或你正在從事的工作爲何，還有不論你的人生規劃、目標爲何，甚至不論你志向是否遠大，對你而言，你的人生就跟北京奧運或台北101一樣，是一個非常重要而且重大的專案，你應該要看重它並且審愼以對。

或許專案管理最常在商管領域被引述，但誰說它不能被應用在你的生活之中？我們希望透過下面的解說，讓你輕鬆瞭解專案管理流程，並希望你在看完之後，嘗試著與系統思考流程一併應用在生活與工作中，充分利用你本身具備的特質與身處的環境，活出你眞正想要的自己。

系統思考與專案管理

系統思考導入整合管理

整合管理即爲順利完成工作的「程序管理」，每一個專案都是經由專案起始、計畫、執行、監控及結案等五大流程（如圖5-2 所示）的運作，方得以完成。以下爲整合管理中涉及五大流程的內容介紹與相關的情境簡例說明。

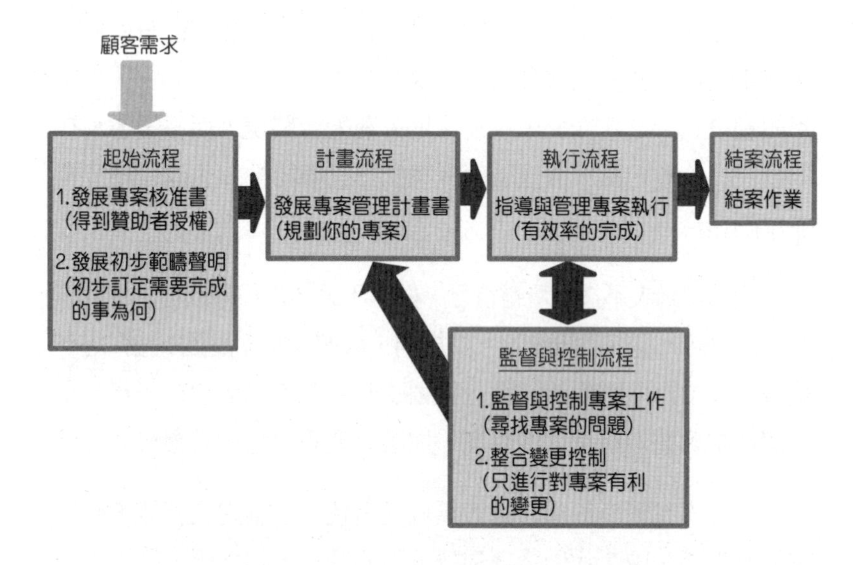

圖 5-2　整合管理的五大流程關聯圖

◎起始流程（Initiating Process）

定義與授權專案。整合管理中的起始流程涵蓋兩個程序，即：

1. 發展專案核准書

選擇並確認出值得做的專案，接著得到贊助者正式的文件化授權，即專案核准書。核准書將賦予你執行此次專案工作的權利。

情境簡例說明

假設你為一旅遊業職員，接獲一間大學想要委辦教職員工國外旅遊的需求告知。經過公司內部充分討論後，認為承攬這次的旅遊雖然利潤較少，但是將有助於與此大學建立起長期的商業合作關係，故確認其為值得進行的專案。接著發展專案核准書，告訴公司裡的每個人，為什麼需要這個專案，以及公司老板或贊助者正式指派與授權你成為專案經理來執行這項專案的訊息。

2. 發展初步範疇聲明

初步範疇聲明為初步訂定專案工作需要完成的事情為何。

情境簡例說明

你以電話訪談的方式來瞭解對方此次教職員工國外旅遊更進一步的需求（如：希望到氣候溫暖的國家）、假設（如：可能參加的人數總額）與限制（如：預算金額）等資訊，藉由這些資訊，初步訂定專案工作需要完成的事或交付物為何，即發展初步範疇聲明。

◎計畫流程（Planning Process）

定義與更新專案目標，同時規劃達成該目標所需採取的行動路徑，以及專案執行所需涵蓋的範疇。整合管理中計畫流程的主要程序爲專案管理計畫書的製作。

發展專案管理計畫書

是指設計一套能讓專案據以執行的計畫書（Project Plan），亦爲後續專案工作執行的依據及成效控制的基準（如：預算、進度安排、交付成果的型態等）。專案管理計畫書是單一的文件，但是它可以依知識領域被分解成許多的輔助計畫書，如： 範疇管理計畫書、時間管理計畫書、成本管理計畫書、品質管理計畫書、人力資源管理計畫書、溝通管理計畫書、風險管理計畫書與採購管理計畫書。

情境簡例說明

根據起始流程的資訊（專案核准書與初步範疇聲明）來發展教職員工國外旅遊的專案管理計畫書，此計畫書需涵蓋此次旅遊行程中所規劃每一件事的細節描述，及當問題發生時要如何解決的相關說明，如：天候不佳時的因應方案、是否跟當地旅行社合作以降低成本、旅遊時雙方溝通聯繫的方式、每個景點的交通運輸工具與參觀停留時間、相關保險的處理、機票與飯店的確認方式、服務品質的調查設計等。

◎執行流程（Executing Process）

整合人員及其他資源，以落實專案管理計畫書之執行。整合管理中執行流程的主要程序爲指導與管理專案執行。

指導與管理專案執行

隨著專案的開展，你的職責就是指導與管理專案裡每個活動與步驟，並遵循專案管理計畫書來處理所有執行時遭遇的問題。

情境簡例說明

遵循計畫流程的產出：專案管理計畫書，來執行訂票、訂房、投保、交通接送等工作。

◎監督與控制流程（Monitoring and Controlling Process）

經常性衡量及監視專案進展，以辨識與專案管理計畫書所設定的基準是否產生差異，並針對差異採取必要的修正、變更、矯正等行動，使其能順利達成專案目標。整合管理中的監督與控制流程涵蓋兩個程序，即：

1. 監督及控制專案工作

監督及控制專案工作的目的就是當專案團隊在執行計畫時，必須隨時監督任何可能會發生的問題，並在找到問題後，提出相關的問題解決之因應行動方案。

情境簡例說明

要求帶團的領隊在每天旅遊活動行程結束後，向你電話回報當日活動執行的所有狀況，如：當日參觀的景點是否完成之確認、活動時間的掌握情形、團員的抱怨及建議、預算的支用程度等，藉由這些回報的資訊與專案計畫所定的範疇、時程、品質及成本等基準進行比較，來衡量是否要提出必要的改進措施，以確保接下來的旅遊活動行程，能在進度不落後、預算不超支，及範疇合理掌控的原則下完成。

2. 整合變更控制

針對「監督及控制專案工作」程序所建議的相關問題解決之因應行動方案進行審查，審查核准的原則是「只進行對專案有益的變更或行動」。核准的因應行動會再進入到「指導與管理專案執行」這個程序進行實際的執行。

情境簡例說明

在回報的資訊中，有團員建議所乘坐的旅遊巴士座位太窄，能否更換一輛座位較大的旅遊巴士。你將此建議與主管進行討論後，發覺更換一輛座位較大的巴士，不但不會使預算受到影響，還能提升團員的滿意度，因此決議核准這項變更。

◎結案流程（Closing Process）

正式接收專案的產品、服務或結果，並依序結束所有的作業。整合管理中，結案流程的主要程序爲結束專案。

結案作業

就是專案最後的收尾，包括行政結束與合約結束。

情境簡例說明

結束旅遊後，與合作廠商或活動委託單位進行合約結束的確認，並撰寫結案報告及整理經驗學習，最後卸下專案經理的角色。

由上述可知，「發展專案管理計畫書」的目的在設計一套能讓專案據以執行的計畫書，此文件中最重要的資訊爲詳細記載專案的基準（如：預算、進度安排、交付成果的型態等）。專案管理計畫書的基準可視爲是專案欲達成的「目標」。在另一方面，專案在「指導與管理專案執行」時，當下所完成的狀態可視爲是專案的「現況」。在「監督及控制專案工作」中，若目標（基準）與現況間發生了「差距」，可能意味著我們的專案執行出現了問題。通常，差距愈大時，我們即傾向於認定問題的嚴重程度愈高，並隨著差距的擴大，對我們產生的壓力也愈來愈大。這時，我們便希望能藉著採取某種矯正「行動」來改變現況，以期解決問題。接著針對「監督及控制專案工作」程序所建議的矯正行動於「整合變更控制」程序中進行審查，審查核准的矯正行動會再進入到「指導與管理專案執行」進行實際的執行。矯正行動執行後「影響的產出」，將讓專案在下一個時間點的完成狀態更趨近所設定的目標。「目標」、「現況」、「差距」、「行動」、「影響的產出」即爲目標趨近系統基模的組成元素，因此採用目標趨近系統基模將可以具體又簡單地演繹由「指導與管理專案執行」、「監督及控制專案工作」、「整合變更控制」所組成的專案控制回饋機制，如圖 5-3 所示。

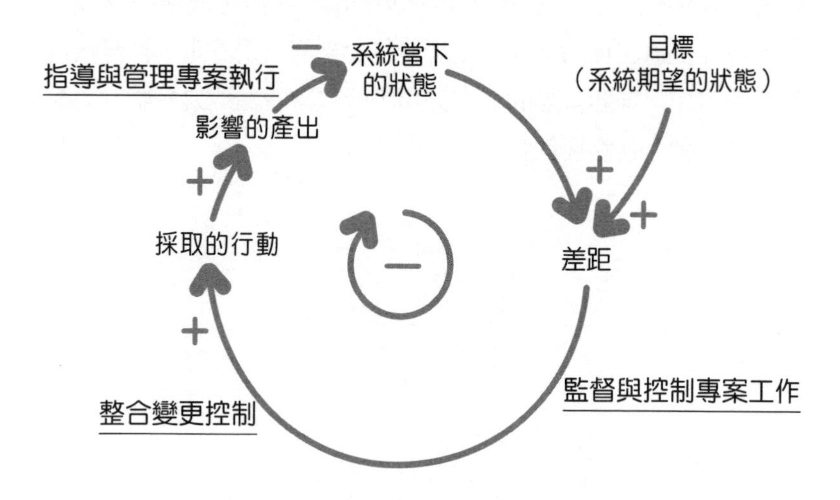

圖 5-3　**整合管理的因果回饋環**

系統思考導入範疇、時間、成本與品質管理

範疇、時間、成本與品質管理可劃分成兩階段來進行，第一階段是制定專案範疇基準、時程基準、成本基準與品質基準，作爲專案執行時遵循的目標或限制。由於本書著重在介紹系統思考如何導入專案管理的概念，而非專案管理教科書。因此這些基準的詳細建置流程，請讀者參考專案管理的相關教科書。以下僅就各種基準常用的表達方式進行介紹。

專案範疇表示建造產品所需要完成的工作，因此常見的範疇基準之一爲「工作分解結構」（WBS），如圖 5-4 所示。在圖 5-4 的員工海外旅遊工作分解結構圖中，通常第一層爲專案交付成果，如：行程的住宿飯店、行程的交通工具、行程的參觀景點等。第二層則爲完成此交付成果的工作分項，如：住宿飯店的工作分項可能包含飯店早餐確認、房間預約、飯店服務確認等工作；行程交通工具的工作分項可能包含來回機票訂定、預訂接送巴士等工作；參觀景點的工作分項可能包含景點門票訂購、景點紀念品準備、景點餐飲預定等工作。

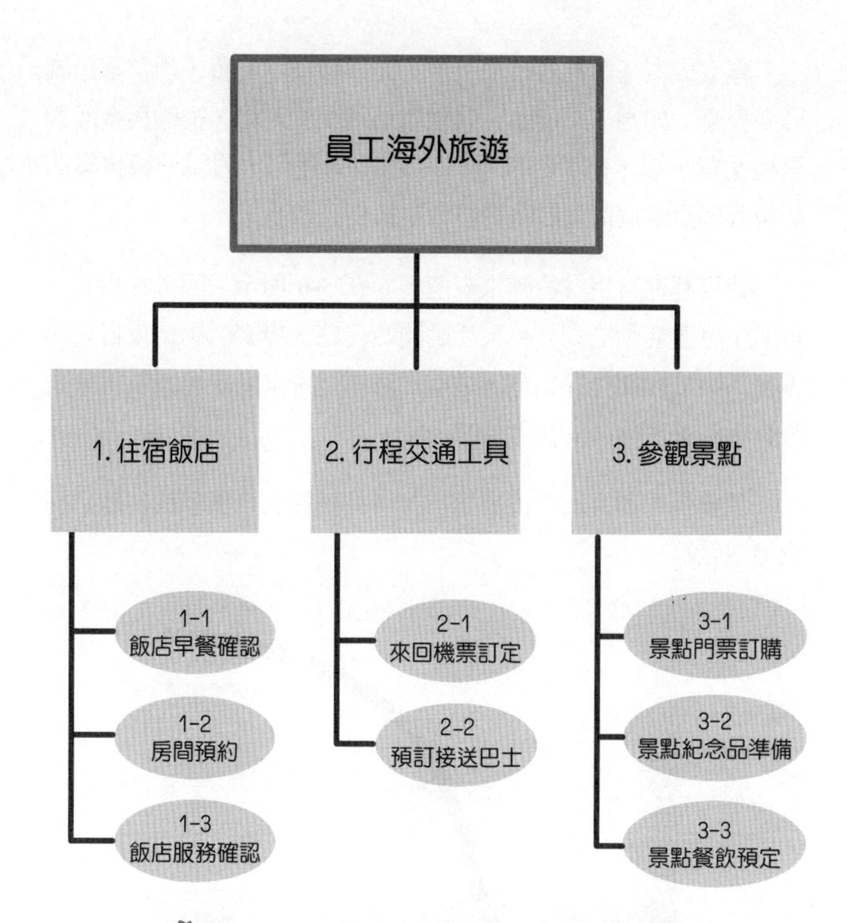

圖 5-4　員工海外旅遊工作分解結構圖

專案成本基準爲各時期所預定的累積成本花費，通常都用圖形來表達，如圖 5-5 所示。其橫軸爲時間的遞增，縱軸爲金額的累積花費，成本基準的線型爲 S 曲線的變化，因爲一般專案開始與收尾這兩個期間的花費經常是緩慢且較少。

時程基準常用甘特圖來表達，如圖 5-6 所示。因爲甘特圖可以顯示專案活動序列、專案活動開始日期、專案活動結束日期、專案活動依存關係等訊息，這些訊息都是未來判定專案執行時是否有活動進度落後的參考依據。

品質基準通常爲一標準値，如產品抽樣的合格率或常聽到的六標準差等。

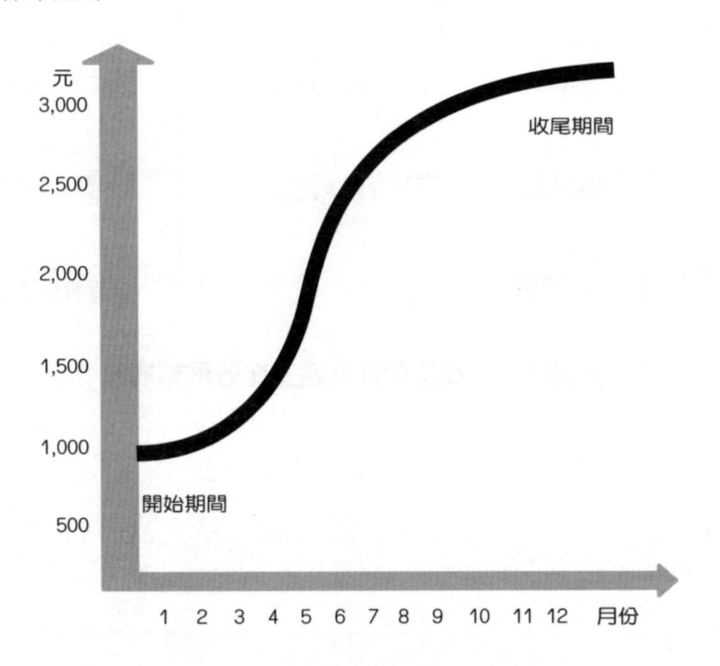

圖 5-5　專案成本基準 S 曲線圖

活動項目名稱	日期	一月第一週	一月第二週	一月第三週	一月第四週	二月第一週	二月第二週	二月第三週
訂飛機票								
預約房間								
訂接送巴士								
確認飯店早餐								
確認飯店服務								

圖 5-6 活動預定進度甘特圖

第二階段強調專案執行的過程、如何控制專案使其達成「如期」、「如質」、「如預算」與「高客戶滿意度」。因此，範疇、時間、成本與品質管理，可歸類爲專案的「目標與限制管理」。因此適合採用目標趨近系統基模（「目標」、「現況」、「差距」、「行動」），來初步設計演繹第二階段的範疇驗證、時程控制、成本控制與品質控制的工作，如表 5-1 所示。基準通常都在規劃時期訂定，然而有時會隨著專案執行階段的持續進行，而對專案的目標與限制有更明確的認識及瞭解。所以當發生變異時，採取的行動並非完全都是要對現況進行改善，有時也會對不合時宜的基準加以變更，因此目標趨近系統基模修正如圖 5-7 所示。

表 5-1 目標趨近關鍵字整理表（範疇、時間、成本與品質管理）

現況	目標與限制（對應的基準）	針對差距採取的行動
時程狀態與進展	時程基準（甘特圖）	現有人力加班、加入新進人力趕工
成本狀態	成本基準（S 曲線）	節省開支
品質標準奉行的狀況	品質基準（品質標準值）	重工、瑕疵修復
交付成果的完成狀態	範疇基準（WBS）	變更產品設計

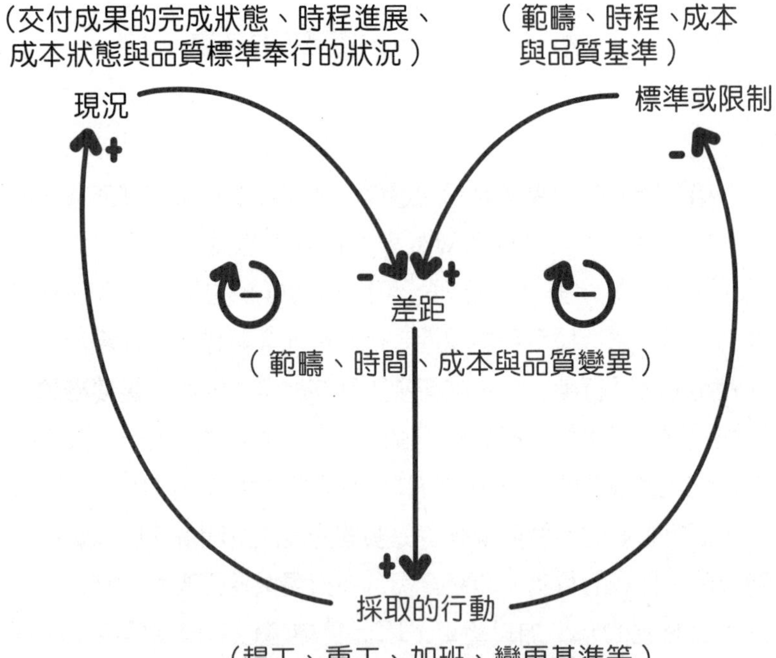

圖 5-7 目標趨近系統基模修正圖（範疇、時間、成本與品質管理）

系統思考導入人力資源與溝通管理

專案人力資源管理的目的在有效管理專案計畫團隊成員；專案溝通管理的目的則在有效管理計畫利害關係者（如：業主、贊助商、老板、顧客等）；因此專案經理有 90% 的時間都在處理「人」的問題，所以成功專案管理的秘訣之一就是：「搞定人，你就無所不能」。由於人類的活動是一種互動的形式，即 a 導致 b，然後 b 又導致 a。如：在人際關係中，衝突是無法避免的。當一方在對方所關切之事上給予挫折時，就會發生衝突，此時任何一方的每個動作都會引發對方愈來愈多的對應動作，最後隨著時間的演進，使得衝突或問題愈來愈嚴重。因此人的管理需要捨棄線性因果的觀念，而採用循環因果效應的觀點。如：專案經理喜歡利用獎金的設計來提升員工的工作績效，而且直覺地深信這樣的作法非常有效。個人工作績效與獎金隨著時間的互動，可用「持續成長」的系統基模來描述，如圖 5-8 所示。

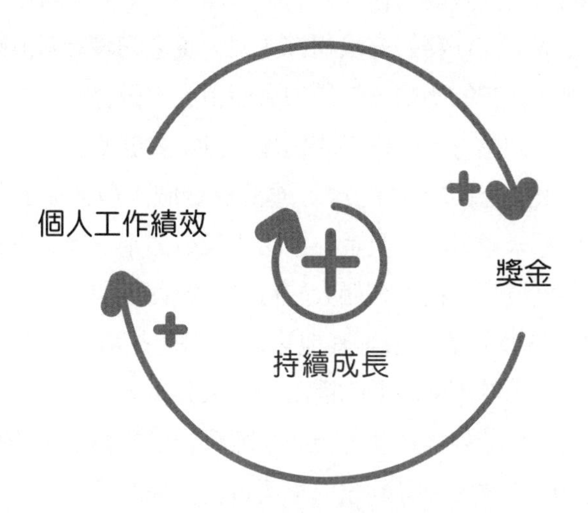

圖 5-8　**個人工作績效與獎金之持續成長系統基模**

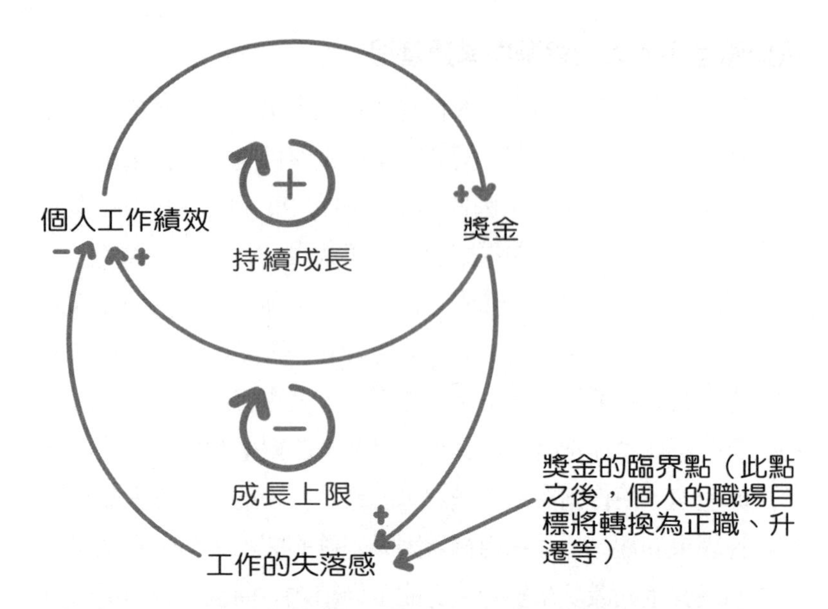

圖 5-9　個人工作績效與獎金之成長上限系統基模（一）

由於胡蘿蔔的效應（在人力資源管理中，胡蘿蔔就是能激勵員工努力完成工作任務的方法和方式），獎金的設計對於短期的工作績效提升非常的明顯，但是如果使用的次數過於頻繁，甚至將其視爲唯一的藥方，一段時間過後，員工會開始對獎金感到厭膩或疲乏。這是因爲金錢的需求通常只是個人最初期的職場目標，當此目標未達成時，獎金對個人的吸引力不會受到影響，但是當此目標達成時，接下來個人的目標可能轉換成工作上的保障（成爲正式職員）或升遷等其他需求，因此胡蘿蔔的設計與提供，要從員工處於不同時期的需求等級來分析，如著名的馬斯洛需求層次論。倘若專案經理忽視或不瞭解這樣的轉變，繼續採用加薪或獎金的方式，一旦到達追求獎金爲目標的臨界點時，由於此點之後，個人的職場目標將轉換爲正職、升遷等需求，而不再是獎金的型態，如此一來，將導致員工的失落感出現，個人的工作績效會因爲失落感的出現而無法再繼續成長，即從「持續成長」的系統基模演化成「成長的極限」的系統基模，如圖 5-9 所示。因此，瞭解系統的極限或臨界點，對於專案經理是很重要的。

但是當獎金對個人的吸引力未降至零時，個人工作績效的成長上限也有可能會提早到來。因爲獎金的增加將導致個人的總薪資收入增加，一旦總薪資超越了年資較長的同事，也許會引發同事的忌妒，使得同事對於你執行的專案配合度不高，以至專案進度落後，進而影響你的工作績效，如圖 5-10 所示。所以專案經理除了注意個人需求的轉換，還需留意其他同事配合的態度，也許同時給予個人升遷的機會與設置團隊專案績效的獎金，方可「治標也治本」。

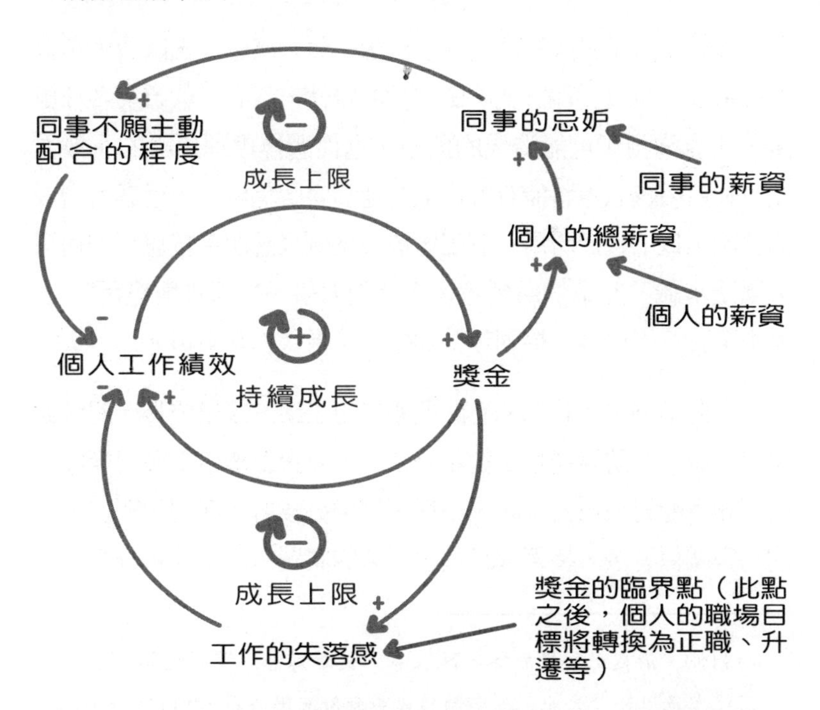

圖 5-10 個人工作績效與獎金之成長上限系統基模（二）

由上述的說明，我們可以簡單歸納成以下的推論：

(1) 專案經理有 90% 的時間都在處理「人」的管理問題。

(2) 因此，專案的成敗關鍵在於專案經理的「溝通協調與人力資源管理能力」。

(3) 而溝通協調與人力資源管理的關鍵在「系統思考」。

系統思考導入風險與採購管理

風險管理又名危機管理，包括對風險的定義、測量、評估和發展因應風險的策略。目的在於避免風險或將風險造成的成本及損失極小化。風險管理一般包含三個主要步驟，即風險辨識、風險分析與風險回應規劃。

風險辨識是風險管理的首要步驟，係判斷哪些風險會對專案造成影響，並以文件方式記載它們的特性。只有全盤瞭解各種風險，才能夠預測可能造成的危害，進而選擇處理風險的有效方法。利用系統思考將能有效辨識各種利害關係者對管理者所造成的風險，以下我們將用一個工廠成長案例來說明系統思考如何導入風險辨識，此案例爲參考《系統動力學——思維與應用》[4]一書中第五章的內容（楊朝仲，2007），進行修正引用。

在此案例中，我們關心的問題爲甲工廠的規模成長。假設從與甲工廠主管訪談過程中初步得知，主要會影響甲工廠規模成長的相關可能對象爲乙工廠、環保署與中央政府。在初步確立主要的利害關係者後，接著進行系統思考的議題，逐步擴張分析。

---

4 楊朝仲、張良正、葉欣誠、陳昶憲、葉昭憲著，《系統動力學——思維與應用》（台北，五南圖書出版股份有限公司，2007）。

◎議題一：甲工廠成長受限於汙染總量管制

（相關對象：甲工廠、環保署）

資本的投入可使甲工廠的規模擴張，而甲工廠規模的增加，使其營收不斷地提高，而營收的提高將促使下一階段可投入擴廠的資本增加，新的資本投入則會導致下一階段的工廠規模再擴張。但是當甲工廠規模擴張時，其污水的產生量也會隨之增加，當工業區污水量達到環保署汙染總量管制的上限要求時，環保署便會展開抑制甲工廠擴張的行動（如：開罰單等），進而影響甲工廠再擴廠。我們發現這個議題便是系統基模：「成長上限」的問題類型（見圖 5-11）。

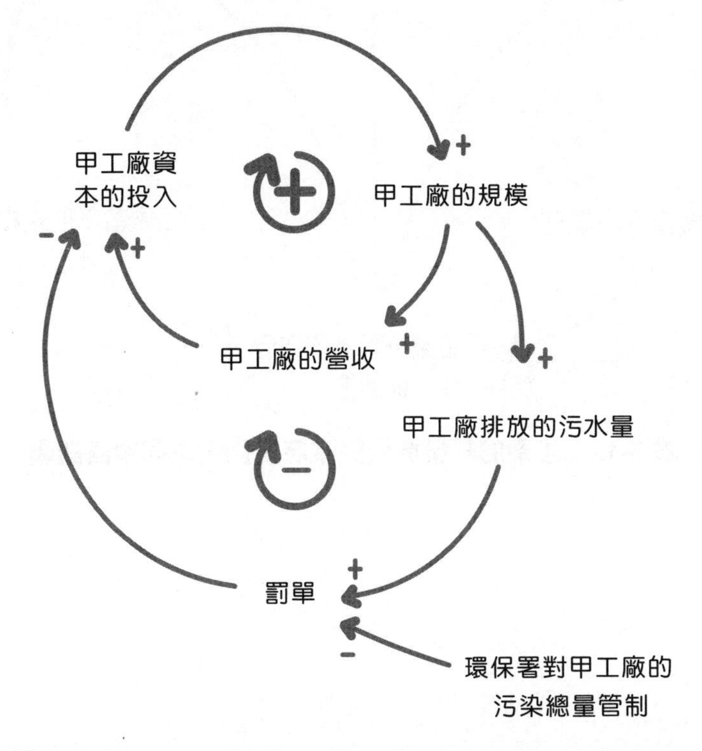

圖 5-11　甲工廠成長受限於汙染總量管制之因果回饋圖

◎議題二：工廠的規模擴張行為與政府補助金的分配方式

（相關對象：甲工廠、乙工廠、中央政府）

政府補助金的分配原則爲參考甲、乙兩方工廠的規模來決定，規模愈大者得到的補助金愈多。愈多補助金的投入，將使工廠的規模擴張得愈厲害。工廠規模擴張得愈大，愈有能力爭取到下一階段更多的補助金。我們發現這個議題便是系統基模：「富者愈富」的問題類型（見圖 5-12）。

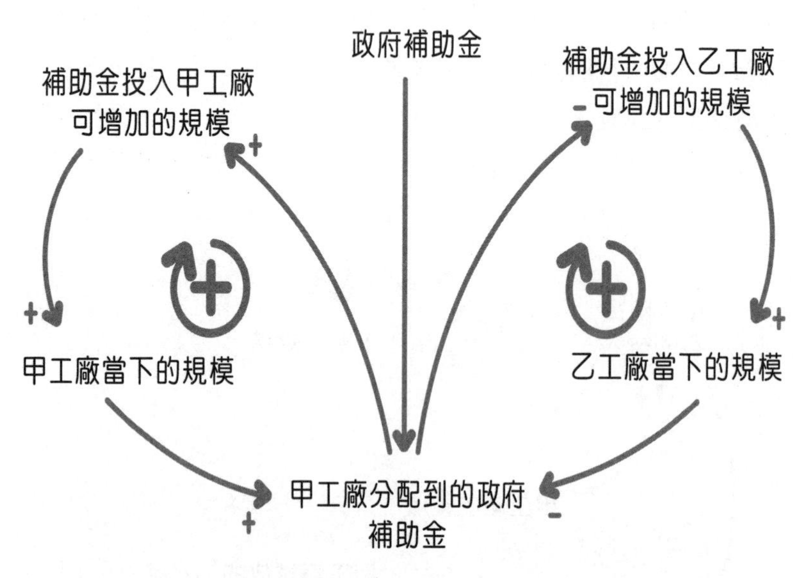

圖 5-12　工廠的規模擴張與政府補助金之因果回饋圖

◎議題三：工廠的規模擴張行為、環保署汙染總量管制與政府補助金的分配方式

（相關對象：甲工廠、乙工廠、環保署、中央政府）

甲工廠、乙工廠、環保署、中央政府即可組成工廠的規模擴張行爲＋環保署汙染總量管制＋政府補助金的分配方式之複合議題。這個複合議題便是系統基模：「成長上限＋富者愈富」的問題類型（見圖 5-13）。

上述三項議題的內容整理成筆者設計的風險管理系統思考分析表，如表 5-2 所示。

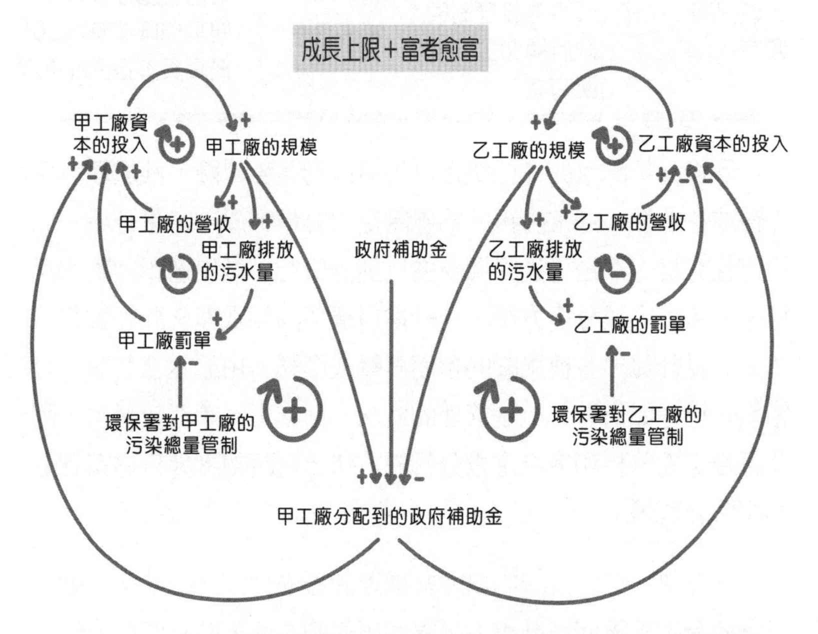

圖 5-13 工廠的規模、環保署汙染總量管制與政府補助金之因果回饋圖

表 5-2 風險管理系統思考分析表

利害關係對象	議題描述	問題類型	回應計畫
甲工廠＋環保署	甲工廠成長受限於環保署汙染總量管制	成長上限	・汙染交易稅（轉移風險） ・採購廢污水處理設備（減低風險）
甲工廠＋乙工廠＋中央政府	政府補助金對於甲、乙兩工廠的分配方式	富者愈富	・與其他同業結盟（避免風險） ・提高資本投入比例（減低風險）
甲工廠＋乙工廠＋環保署＋中央政府	甲工廠的規模擴張行為、環保署汙染總量管制與政府補助金的分配方式	成長上限＋富者愈富	・汙染交易稅或採購廢污水處理設備＋與其他同業結盟或提高資本投入比例

風險分析的目的在於決定已辨識出的各種風險，其處理的優先性或急迫性，通常可再分爲風險定性分析和風險定量分析。風險定性分析方法是通過對風險進行調查研究，做出邏輯判斷的過程。而風險定量分析方法，一般採用機率論和數理統計等數學工具，定量計算出各種風險的預期衝擊或影響。由於本書著重在介紹系統思考如何導入風險管理的概念，而非專案管理教科書，因此風險定性分析和風險定量分析的方法，再請讀者參考專案管理的相關教科書。

一旦決定出已辨識的風險其處理的優先性或急迫性後，就可以繼續擬定風險回應計畫。風險回應規劃方面，計有四種方法：避免風險、減低風險、承擔風險和轉移風險。舉例來說，如員工國外旅遊，若其中有一個行程景點，必須通過一段非常崎嶇的山路，由於旅遊當天下大雨，爲了避免搭乘的車輛在山路發生拋錨或打滑的問題，因此決定取消此景點的參觀，而以其他方案替代，這即爲「避免風險」的作法。若採行的作法只是在其中一段路程搭乘接送巴士，山路的部分則另行租乘登山車，藉此分散接送巴士在山路拋錨或打滑的風險，此即爲「減低風險」。另外，你也可以直接「承擔風險」，仍然於下雨天搭乘接送巴士前往行程景點，但要作好準備，爬山時可能會出現問題。倘若選擇不搭乘接送巴士，改以坐纜車的方式到達，即爲「轉移風險」。又如前述的工廠成長案例，在面對成長受限於環保署汙染總量管制的風險時，可以採用汙染交易稅（轉移風險）或採購廢污水處理設備（減低風險）等策略；在面對政府補助金分配方式的風險時，可以採用與其他同業結盟（避免風險）或提高資本投入比例（減低風險）等策略，如表 5-2 所示。

6

自己的工作自己挑

系統思考與職涯規劃能力

林秋松、楊朝仲

你還在探索職場上需要哪些知識和技能嗎？哪些知識與技能是職場的需求？學多久才可以投入職場？

你還在探索職場需要哪些知識與技能嗎？學哪些知識與技能是職場的需求？學多久就可以投入職場？你可以不用再想了！因爲你一學完，所學到的知識與技能已經又不能用了！你一直得面臨無法派上用場的窘困！怎麼辦？

根據美國勞工部的調查，四分之一的工作者在目前的單位工作不超過一年；二分之一的工作者在目前的單位工作不超過五年；而我們生活在一個十倍速爆炸成長的時代，新的科技知識大約每兩年就會成長一倍。對正要就讀大學的學生來說，他們前兩年新學的知識，在三年級就全部過時了。我們現在必須教導學生畢業後投入目前還不存在的工作、使用根本還沒發明的科技、解決我們從未想像過的問題。你認爲呢？

隨著全球化經濟市場的轉變，未來的人才需求已有市場化的轉變，教育的供給與社會實際面的需求產生了極大的落差。面對這巨大職場銜接的鴻溝，就業的你需要一個重新調整與適應職場環境的轉化時期，然而企業未必有時間和耐心等待，當你所學的知識與技能已跟不上職業市場需求時，這些知識與技能所產生的附加價値就不高了！如果繼續下去，你只能疲於奔命地去學習目前職業市場所需的知識與技能，你還有多少時間可以浪費？那麼該如何因應呢？

二十一世紀是高度競爭化的社會，當國際化腳步愈來愈快時，且當「世界是平的」這種概念被提出後，國與國之間的競爭程度只會有增無減，所以我們面臨一個變化速度爆炸的時代，知識變化快、技能更新快、科技一日千里……，任何事情皆需與時間賽跑，所以如果我們仍利用線性思考，最多只能在面的整合上運作，既然我們生活在一個四度空間裡，我們爲何不改變自己的思考，找一個是符合四度空間的思考型態，那究竟是什麼思考型態可以適合這個世紀，已有許多人提出，如烏托邦思考型態（Utopian Thinking）、類比思考型態（Thinking by Analogy）、情節式思考型態（Scenario Approach）及系統思考型態（Systems Thinking），筆者將以自身的經驗、職涯規劃及職涯策略近七年的輔導與研究，帶領大家進入一個不同的想像空間，讓自身成長能與此世紀吻合，不用辛苦的過每一天。

什麼是職業生涯規劃？

「職業生涯規劃」是最近經常被提及的話題，不知道有沒有人問過你：你的「職業生涯規劃」是什麼？或自己曾不斷問自己：我的職業生涯方向是什麼？怎麼規劃？

我的人格特質是如何？現在學的對不對？這些是不是我的興趣？我的能力如何？我有那些能力？我適合那些工作？那些工作對我未來是最好的？我該如何突破現況？我將來要往那個方向去？未來十年希望自己過什麼樣的生活？未來有沒有什麼值得我期待與努力的？對於以上這些問題，發問的人想要知道別人的方向與計劃，以策劃自己的職業生涯；回答的人或許說得很心虛，因為未來充滿了變數與不確定性，而自己究竟能達到哪裡，也尚未仔細思量與推敲。

但，明日之事雖純屬未知，我們不必害怕未來，而應該抱著期待的心情。英文的「現在」（Present）與「禮物」（Present）是同一個字，生命本身就是一種恩賜，善用生命是活著的最高指導原則。

莊子說：「吾生也有涯」，人的一生是有限的，因此如何利用有限的生命達到自己所希冀的最大成就，應是每個人想要追逐的目標。由於過去「人定勝天」、「科學精神」的主流思考，導致現代人只追求具體且能控制的東西。至於其他抽象的生涯問題，對許多人而言，卻是增添了自己無法掌控的焦慮，而這焦慮是一種陷於生涯困境中意圖解脫的自我掙扎，蘊涵著嚴肅而認眞對待生命的重要意義。

面對焦慮而踟躕難行時，往往是因爲不知道自己的需求與條件，甚至對外在的工作與環境也欠缺瞭解與認識，在選擇上就常呈現過多的迷惑與徬徨，行動的力量也因此疲弱甚至消滅！因此，如何將抽象和不確定的生涯，化爲具體的、可掌握的、可達成的目標，就必須靠生涯規劃。那到底什麼是「生涯規劃」呢？簡單的說，生涯規劃是一種知己、知彼、選擇與行動的過程[1]。

生涯規劃的四個基本要素爲：知己、知彼、抉擇與行動，以及基本要素外在的支援系統。「知己」就是知道自己的人格特質、所持的價值觀、能力與興趣以及優缺點在哪裡。「知彼」就是能夠瞭解自己與環境的關係，找到符合自己核心價值的生活形態，善用環境的優點，而這「找」的先決條件，便是「知彼」，去探索各種生活形態的實質內容，瞭解自己想要從事的行業特性與發展前景、工作範疇與特質。所謂「知己知彼，百戰不殆」，唯有認識自己與他人、自己與群體、自己與環境的關係，才能做出最適合自己的職業生涯規劃。

之前的知己、知彼是一種蒐集訊息的過程，蒐集了一切訊息

1　洪鳳儀（1996），《生涯規劃自己來》，台北：揚智。

後，便須抉擇（Decision making）。比較不同資訊所提供的優、缺點，選擇符合自己核心價值的決定，並運用人脈、資產、知識與宗教等幫助個人實踐生涯目標的相關資源，將決定付諸行動，並在行動的過程中，不斷地反省檢討，時時修正自己的規劃路線。如果這些是用於職業上，這就是職業生涯規劃。

在學理上，經常不去區分生涯或職業生涯，當然生涯包含著職業生涯，但職業生涯卻是生涯中最重要且影響最大的一部分，所以生涯規劃的定義因學門不同而有差異的重點。以輔導學及組織管理學爲例，說明如下：

從輔導學的角度，生涯規劃爲在個人生涯的妥善安排下，個人能依據各計畫要點，在短期內充分發揮自我潛能，並運用環境資源，達到各階段的生涯成熟，最終達成既定的生涯目標。發揮自我潛能、各階段的生涯成熟及生涯目標爲關注的重點[2]。

而從組織管理學的角度，曼得和韋恩（Monday & Wayne, 1987）提出「一個人據以訂定前程目標，以及找出達到目標之手段的過程」爲其定義。規劃的主要重點在於組織如何協助員工在個人目標與組織內實際存在的機會之間，達到更有效的配合，使組織能善用並提升其人力資源，亦強調員工個人心理上之成功與滿足[3]。

本章將以個人生活爲規劃範疇，協助你探索自我、瞭解環境，進而規劃屬於你個人獨一無二的生涯。所以生涯規劃不再僅

---

2 楊朝祥（1989），《生計輔導：終身輔導歷程》，台北：行政院青輔會。

3 石銳（1991），「製造業推行前程規劃之研究」，中興大學企業管理研究所碩士論文。

以工作爲規劃範疇，而是以積極突破個人障礙、開發個人潛能和自我實現爲目的而規劃。

本章要探討的是，如何成功地規劃你的職業生活於生涯歷程，因此，所有討論的重點都基於你專屬的價值觀與職業生涯目標。所謂的成功不一定要和人比較、強過任何人，你只需自己設立職業發展目標，然後好好表現、盡全力達到設立的目標，進而不斷超越自我、改變自我，這就是成功。成功不一定要靠運氣，也不見得要把別人當成墊腳石，或是犧牲別人來成就自己，就本書的定義而言，「成功」意謂著瞭解自我需求，找到讓自我激發熱情的職業生涯目標、充分發揮自我的特質、天賦與潛能，找到最適切的職業發展並懂得體會當下的感受，盡其全心享受生命。

職業生涯規劃的現況

人生如旅程，而生涯則是我們所行走的道路與進展途徑。這路途可能是羊腸小徑，也可能是康莊大道，沿途景象不一，感受自然不同，端看個人的抉擇與喜好。路況可能是崎嶇難行，也可能是順暢無阻，這常取決於個人進展途徑的選擇。有人在乎的是過程的多彩多姿，有人則是一心一意於結果的穩定與踏實，這都是個人價值觀的一種展現。既然生涯涵蓋個人的全程生命，也就和個人所有角色扮演的轉換有關。因此，所謂的「生涯」，應該牽涉自我探索、家庭、工作、學習、人際關係、社會互動、休閒、理財和身心健康等人生的各層面，可視爲個人整體謀生和生活形態的綜合體，亦即人生發展的整個歷程。

在生活多樣性的今日，「生涯」所包含的意義、範圍及內涵都比傳統的定義來得更廣泛。面對競爭激烈、快速變動的社會，處在不進則退的現實環境裡，一個成功的生涯，應把握生涯的重點，除了各種專業知識與技能的充實外，了解自己、發揮自我，並且能夠調適自己的工作、休閒與家庭之間的關係，才能在個人的生涯中獲得較全面性的滿意。

傳統的職業輔導大都以「幫助個人選擇職業、準備就業、安置職業，並且在職業上獲得成功」爲主要的工作內容。生涯輔導源於職業輔導，但隨著年代的發展，生涯輔導進一步擴張至職業輔導的領域，其概念已將傳統狹隘的就業安置觀點，擴展爲個人一生的生活目標、方式與發展的輔導，而其重要性亦隨之愈來愈明顯確切。生涯輔導特別強調六個主題：生涯決策能力的發展、自我觀念的發展、個人價值的發展、選擇的自由、重視個別差異，以及對外界變遷的因應。（因爲早期並不重視生涯輔導，是因爲職業輔導被凸顯後，且又會與生涯輔導關聯，所以說生涯輔導源於職業輔導；生涯輔導進一步擴張至職業輔導的領域，是因爲早期生涯輔導不談職業輔導，後因職業輔導被凸顯了，所以將生涯輔導領域擴展一起包含職業輔導，後期正式將職業輔導納入生涯輔導重要的一環）

茲將職業輔導與生涯輔導，比較如表6-1。

表 6-1 職業輔導與生涯輔導比較表

	職業輔導	生涯輔導
定義	協助個人選擇職業、準備就業、工作安置與就業後的適應。	協助個人建立並接受一個統整而適切的自我概念，同時轉化為實際的生涯選擇與生活方式，藉由適當扮演的角色行為，同時滿足個人需求。
重點	以職業選擇、準備、就業及適應為主。	以自我瞭解、自我接受及自我發展為主。
時機	遭遇求職困難或就業後發生適應問題時（短期性）。	終身發展（長期性）。
主題	以職業選擇與適應為主。	以整體的生涯發展為主，不同時期有不同主題。
形態	以解決問題為主，注重輔導的處理功能。	以發展為主，注重刺激探索的功能。
過程	以測驗、資料的使用為主，強調個人與職業的配合。	強調知識技能以及觀念的培養與發展，以達成生涯成功的目標。
組織	注重輔導本身的系統。	注重輔導與教育的配合（含生涯教育的概念）。
人員	獨立於教育之外，由輔導人員自行負責。	融合於教育之中，由輔導人員與教師、家長及社區中相關人員共同配合。

以下這些名詞的意義與內容，雖因涵蓋層面與探討觀點的不同而有差異，但都具有「關照現在」、「規劃未來」的涵義，所強調的也都是環境生涯概念的重要特質[4]：

4 黃怡瑾著（2002），《生涯規劃》，台北：華泰。

1. 終生性：概括一個人一生所擁有的各種職位與角色。

2. 總合性：所指的並不是某一時段個人所擁有的職位與角色，而是一生之中所有職位與角色的總合。

3. 企求性：對個人而言，生涯不僅須適合個人特質，同時也是個人所企求的。

4. 工作性：雖然一個人所扮演的角色很多，但工作本身無論是給薪的工作（如：上班族或自營商）或無薪的工作（如義工、家庭主婦），都將左右其生活形態、人際互動與身心健康的維護，所以個人的生涯是以其工作為核心而做相關延伸。

總之，社會快速變遷，生活的層面更廣、更複雜，人的一生不能只侷限於工作世界，從一全人及生命週期的觀點，生涯也應涵蓋對自我的認識與實現、親密關係的追尋與經營、社會活動的選擇與參與、休閒生活的安排、健康的維護、理財規劃、分離與死亡的面對等。所以生涯規劃不再僅以工作為規劃範疇，實際上，生涯更是個人發揮潛能、實現自我、營造生活及行有餘力時，回饋社會的人生舞台[5]。

如何應用系統思考於職業生涯規劃

由於系統思考十分強調「時間」影響的重要性，因此以時間歷程的角度來看待職業生涯規劃時，可以設計出一個以年齡為橫軸，個人產值為縱軸的職涯成長空間及發展路徑圖，如圖 6-1 所示。

---

[5] 同註 4。

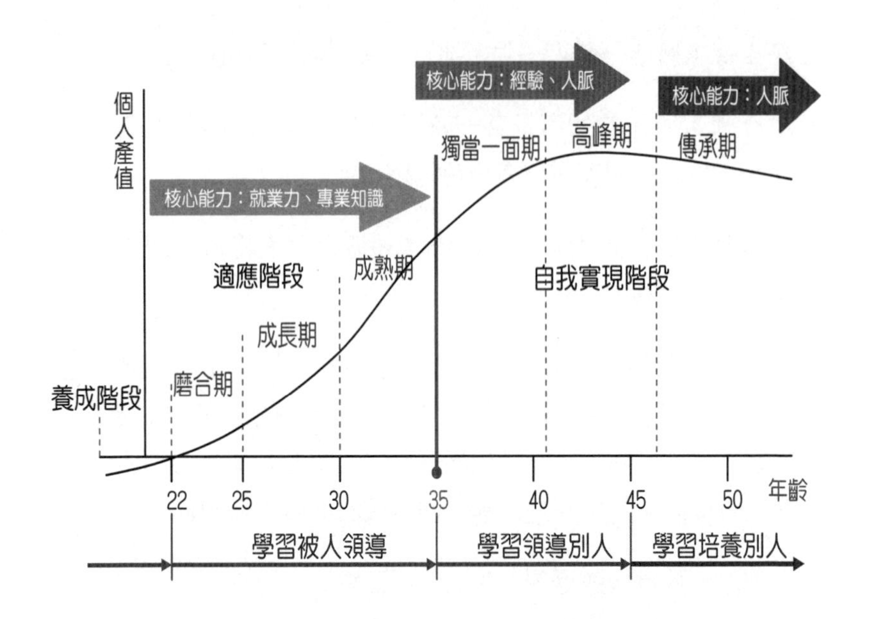

圖 6-1 職涯成長空間與發展路徑圖

圖 6-1 顯示職業生涯規劃可區分爲三個階段，即養成階段、適應階段與自我實現階段。而適應階段又可細分爲磨合期、成長期與成熟期；自我實現階段又可細分爲獨當一面期、高峰期與傳承期。以下將逐一仔細說明上述階段的規劃內容。

作者特別爲目前不同階段需求的你，提供標註區別的選擇，你可以檢視自我的身分，再往下閱讀，可以省下許多的時間。如果還有時間，建議你再重讀一遍：

身份別1：在校學生請你每個階段皆須注意。

身份別2：求職者。△

身份別3：剛踏入職場不到三年者。▲

身份別4：轉業者。◇

身份別5：在職者。○

身份別6：管理者。◎

職業生涯成長有以下幾個階段與分期：

養成階段（22 歲以下）：

自我探索階段 ◇

了解工作世界階段 △ ◇

職場知能與技能的準備階段 △ ◇

職場體驗階段 ⟶ 屬在校生，因為在校生是每個階段都需要注意。

職場抉擇階段 △ ◇

適應階段（22歲至35歲）：

磨合期（階段）：22歲至25歲。△ ▲ ◇ ○

成長期（階段）：25歲至30歲。▲ ◇ ○ ◎

成熟期（階段）：30歲至35歲。▲ ◇ ○ ◎

自我實現階段（35歲以上）：

獨當一面期（階段）：35歲至41歲。○ ◎

高峰期（階段）：41歲至47歲。○ ◎

傳承期（階段）：47歲至～。○ ◎

（一）養成階段

年齡區間為就讀國中一直至 22 歲，此階段包含國中、高中（高職）及大學求學時期。這個階段的目的主要在完成自我探索、了解工作世界、職場知能與技能的準備、職場體驗及職場抉擇。

◎自我探索

當一個人對自我認知不清，也未經過專業自我探索的過程，他對自我的認識僅為自我的認知，無法眞正瞭解自我，必須等到一次又一次的挫折與職場體驗失敗，方能領悟與覺醒。如有領悟與覺醒即屬幸運，否則於工作職場上將更辛苦，甚至始終無法得知為何不能達到自我訂定的目標。通常讀者可利用以下的自我個性分析表（見表 6-2），來初步進行自我探索的工作。

表 6-2　自我個性分析表

項　目	自　我　記　錄
自己眼中的我	對任何事物都充滿好奇、喜歡幫助別人、責任心強、自我要求高、容易緊張和害羞、缺乏耐心、情緒不穩定、……。
他人眼中的我（同儕）	貼心、做事情會瞻前顧後、盡力、愛笑、替人著想、負責任、熱心、心思細膩、小氣、沒時間概念、耐心不足、……。
他人眼中的我（親人）	做事認真、對自我要求高、別人交代事情一定要處理完善、自理能力差、瞻前不顧後、少一根筋、乖巧、聰明、……。
他人眼中的我（師長）	熱心助人、做事細心、思考性高、有領導力、分析細膩、懶惰、時間管理差、較自我、無團體觀念、……。
職業適性量表（測驗的我）	社交性高（低）、主導性高（低）、行動力高（低）、活動性高（低）、挑剔性高（低）、攻擊性高（低）、思考性高（低）、個性內（外）向、情緒（不）穩定、……。

◎瞭解工作世界

工作世界的轉變皆隨著全球化的需求而快速轉變，當工作世界以全球化的腳步變化，而自我認知的工作世界無法跟上時，我們自我認知的工作世界是無法與眞實的工作世界同步的。而當驚覺認知差距變大時，將促使我們去調整自我認知的工作世界，可是調整自我認知後，又接著發現眞實工作世界趨勢又變了，差距將再一次產生，如此總是來不及眞正反映出眞實工作世界的需求變化，最後將面臨被世界淘汰的命運，因此你走入職場務必要先瞭解工作世界。

那麼要如何瞭解呢？筆者先將其分為幾部分，然後再由其中提出可用的方法，提供你做參考。一、掌握工作趨勢：你可以藉由1. 常閱讀國內、外書報雜誌（不是只關心自己領域的書籍）、2. 讀取國家統計及分析的各項指標（包含政府的經建及國家發展計畫）、3. 關注全球發展方向，利用這些資訊進一步分析及歸納，將可從其中窺見一二；二、了解工作動態：1. 企業遷移及消長資訊、2. 目標公司的發展及目標、3. 就業領域系統點、線、面（如後述），三、了解工作適性度〔了解自我職場（工作）方向〕：1. 自我評估、2. 量表測驗、3. 命理分析，其中自我評估是本書於後所敘述部分，你可以於書後自我評估項目，自由選擇與搭配。

◎職場知能與技能的準備

職場知能的準備包含專業課程、通識課程及講座、就業專精學程、企業學程、軟技能（Soft Skill）、工作世界的趨勢課程等等，但它通常在投入職場後就不再適用了，因此必須從中找出核心能力。要達成核心能力，有幾個要項要遵循：1. 分層規劃，

2. 性格、興趣、性向及價值觀，3. 兼顧產業趨勢及工作世界的發展，4. 達成永續學習、掌握吻合自我發展的能力。核心能力的種類，如圖 6-2 所示，其中又以人格特質延伸的能力、可轉換的能力、可被轉化的能力、可整合的能力、創新、創意及創造的能力、求新求變的學習能力、財務力、規劃力、專案管理能力、表達力及問題解決能力最適合於養成階段的核心知能與技能。

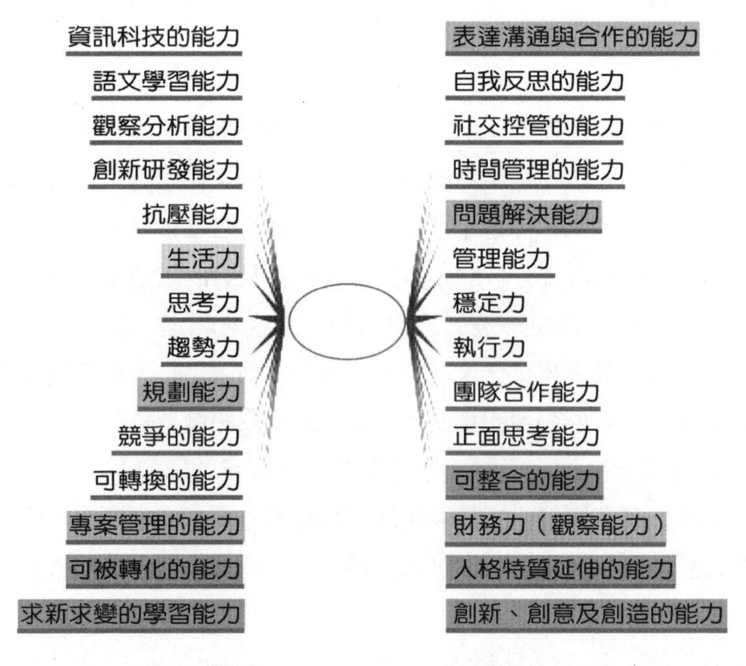

圖 6-2　核心能力示意圖

如何瞭解自己是否擁有這些核心能力，可以藉由填寫核心能力自我得分說明表來發掘。這裡針對本書中第一章所提及的就業五力來示範說明如何分析自我得分。再填入自我得分說明表中，如表 6-3 所示，我們可以藉由曾投資股市，而且多次親自操作獲利來證實自己有初步的觀察分析能力。因為持續性的股票獲利需要長期敏銳地觀察相關財經資料，再經過有效的歸納分析，找出其趨勢轉折變化的要因。此外，我們可以藉由曾參加演講比賽得名，來證實自己有良好的表達能力；藉由曾規劃過迎新大露營，來證實自己有不錯的規劃能力；藉由曾擔任過班級與社團幹部，來證實自己有較佳的管理能力；藉由曾在餐廳打工時，經常圓滿解決客人所抱怨的問題，來證實自己有不錯的問題解決能力。

表 6-3　就業五力自我得分說明表

能力項目	得分	舉證說明
觀察分析能力	2	曾投資股市，而且多次親自操作獲利。
表達能力	3	曾參加演講比賽得第三名。
規劃能力	4	曾規劃過500人的迎新大露營。
管理能力	3	曾擔任班級與社團幹部。
問題解決能力	5	在餐廳打工時，經常圓滿解決客人所抱怨的問題。

0～1 能力嚴重不足

1～2 能力弱

2～3 能力尚可

3～4 能力佳

4～5 能力優

另外，我們可以將上述就業五力各項得分藉由雷達圖的繪製，來進一步觀察分析自己的強項能力與弱項能力爲何，藉以擬定有效的求職策略，如圖 6-3 所示。自我就業五力中以問題解決能力最強，其次是規劃力，而最弱部分爲觀察力，因此欲投入職場前，須留意應徵的工作是否涉及高度的觀察分析能力。另一方面，也可以試圖刻意地去尋找需要高度問題解決能力的工作爲何。

在此要特別說明的是，所謂的就業五力，只是一種概括的說法，並不表示你必須將你的思維侷限在這五種能力裡。本書在一開始就說過，如果這五種能力是專家學者認爲應該具備的，那麼你就要去學習如何培養它們，但這並不表示你就只能被限縮在這五種能力裡，透過本書第二章的說明，或許你會發現你有另外的五種能力，甚至是六種、七種，你同樣也可以用本章介紹的圖表方式來呈現。請記住，本書要告訴你的，不是死答案，而是活方法。

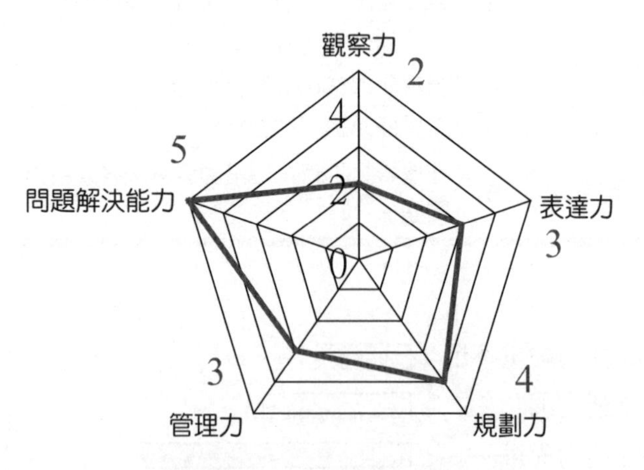

圖 6-3　就業五力雷達圖

◎職場體驗

許多企業會提供暑期實習等工作機會，對於想預先瞭解企業實務運作的人而言，這些機會是非常重要的。在企業實習體驗時期，可以一方面瞭解自我是否符合此種企業工作環境，另一方面也可以更具體地探索自我，看自我的理解與眞正企業運作是否無落差，如此可以減少未來眞正投入職場時不適應的時間，讓自己早一步進入成長階段。

◎職場抉擇

如何選擇一份適合自己的工作，可以藉由下面五個觀點來思維：

1. 自己的性格特質：性格特質因人而異，能充分瞭解自己的性格特質，才能找到適性的工作。大體說來，性格較爲內向、羞澀、細心的人，應該選擇文書或內勤方面的職業；反之，個性外向、積極的人，便可以選擇挑戰性、競爭性高的行業。

2. 專長：個人的專長常影響工作的抉擇，如學生在學校所學的專業學科及社團或工作經驗都是。這些在找工作的時候，常是主管評估的指標之一，專長愈多，在履歷表上也愈好看，自然有比較多的機會選擇工作，但面對現今就業市場的多變性與高度競爭性，除了擁有第一專長外，更需培養第二專長。

3. 興趣：從事一份沒有興趣但是待遇很高的工作，不見得是一件愉快的事情。興趣並不是娛樂休閒的活動項目，它是專長的一種。在選擇職業的同時，固然要考慮自身的興趣，但也不要因此而過分限制了選擇工作的機會，因爲興趣是可以靠後天培養的，有適合的環境就容易培養出不同的興趣。如果對於某些工作不感興趣，可能是因爲認識太少，接觸不夠多。從更積極的角度來看，我們應該多運用自己的興趣去發掘工作機會，而不是爲配合興趣，反而限制了自己在工作上的發展。

4. **工作價值觀**：價值觀的差異會影響職業的選擇和工作態度。有人認爲工作的成就感勝於一切報酬，但亦有人認爲報酬勝於一切。若個人工作價值觀能與工作相符合，藉由工作中獲得滿足，那麼便是一份最適合本身的工作。所以於求職前，可先探索自己的工作價值觀，這也是自我特質瞭解的第一步。

5. **先求有，再求好**：在全球經濟景氣低迷的影響下，失業問題日益惡化，政府呼籲民衆「先求有，再求好」，首先求取一份穩定的經濟收入，並積極利用工作閒暇之餘，學習第二、三專長，待經濟復甦後，再謀取更好的工作與發展。但切記，學習第二、三專長的同時，也應再繼續加強本身第一專長的重要性。

圖 6-4 爲就業領域系統圖的製造業示範案例，此圖展示出工廠的詳細作業流程，藉由流程的互動瞭解，我們可以設計出一個點線面的職位目標規劃藍圖，即：

- **點職位**：養成階段目標；
- **線職位**：適應階段目標；
- **面職位**：自我實現階段目標。

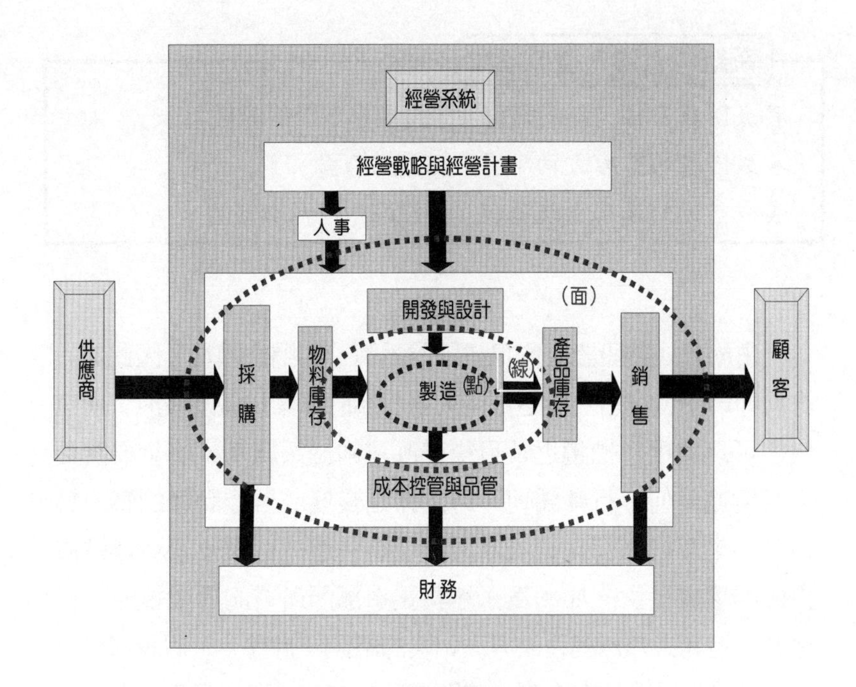

圖 6-4　就業領域系統圖[6]

（點：養成階段；線：適應階段；面：自我實現階段）

以此例來說，養成階段的職位目標爲製造部門的職員（點的思維）；由於知道製造的工作需要與物料庫存、產品庫存、產品開發與設計、成本控管與品管等部門有投入產出的互動（線的思維），因此在適應階段特意學習這些互動部門的相關專業知識及管理技巧，並實質運用或爭取輪調至這些部門的機會，將有助於爭取到製造部門的主管職位；若於自我實現階段再學習採購與銷售的技巧，將有助於爭取到廠長的職位（面的思維）。

6　松林光男、渡部弘著、蕭志強譯（2006），《圖解工場的構造與管理》，台北：世茂。

系統思考導入養成階段

- 養成階段目標：點的職位（成為製造部門的職員）。
- 養成階段的努力方向：專業知識的培養。
- 養成階段的適用系統基模：目標趨近、目標侵蝕。

由於養成階段設定的目標職位為製造部門的職員，因此努力方向即為學習與培養製造部門所需相關的專業知識及技能，所以我們可以運用目標趨近及目標侵蝕這兩個系統基模的重要關鍵字（目標為何、行動為何、時間滯延長度、目標調降的壓力為何），來思維如何在養成階段中能順利達成目標及避免目標被侵蝕的現象發生。如：為了培養製造部門所需的專業技能（目標），因此去參加補習來考取相關的證照（行動）。假設補習要三個月後才會開始有進步（時間滯延長度），所以很容易在學習了一兩個月後因為沒有顯著的進步而產生挫折感（目標調降的壓力），挫折感將導致降低證照的等級或延長取得證照的時間。當系統思考導入養成階段時，「成功是需要時間等待的（時間滯延）」將是很重要的職涯規劃與發展的價值觀。上述職涯規劃目標趨近與目標侵蝕的系統基模，如圖 6-5 及圖 6-6 所示。另外，本書設計了一個養成階段職業生涯規劃系統思考說明表，如表 6-4 所示，讓讀者方便進行相關資訊的彙整與分析。

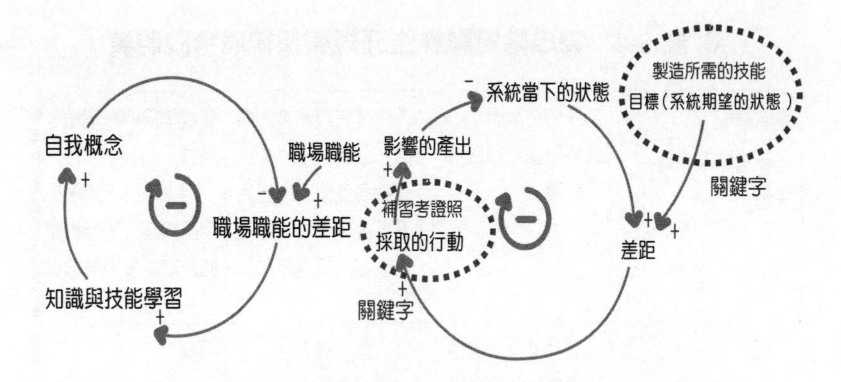

圖 6-5 **職涯規劃目標趨近系統基模**

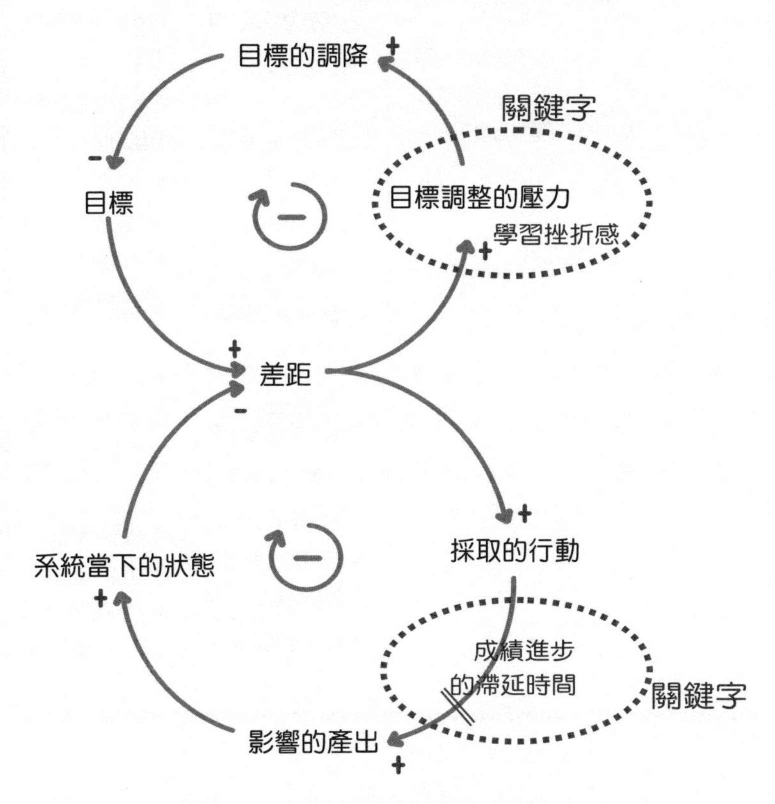

圖 6-6 **職涯規劃目標侵蝕系統基模**

表 6-4 養成階段職業生涯規劃系統思考說明表

應徵職位 （參考就業領域系統圖）	工作內容說明 （參考就業領域系統圖）	工作性質與就業力關聯性分析 （參考就業五力自我得分說明表，並可視需求加入其他能力）	養成階段的系統思考描述 （建議可以初步使用目標趨近，目標侵蝕系統基模中的關鍵字來思維）
（點） 製造部門的職員	・機台操作：需觀察機械或運轉動作，勿讓產品變不良品。 ・當機台產生問題時，需能精準表達出問題所在。	職位能力要求： ・觀察分析能力要求：佳 ・表達能力要求：佳 ・規劃能力要求：尚可 ・管理能力要求：尚可 ・問題解決能力要求：尚可 ・其他（專業技能要求：佳） 現況能力程度 ・觀察分析能力：弱 ・表達能力：尚可 ・規劃能力：佳 ・管理能力：尚可 ・問題解決能力：優 ・其他（專業技能：尚可）	目標： ・培養製造部門所需的專業技能； ・培養較佳的表達能力； ・培養較佳的觀察分析能力 行動： ・參加補習來考取相關的證照； ・參加讀書會討論………………… 時間滯延長度： ・補習可能要三個月後才會開始有進步………… 目標調降的壓力： ・學習了一兩個月後，因為沒有顯著的進步而產生挫折感……………

（二）適應階段

年齡區間爲 22 至 35 歲，此階段包含磨合期、成長期及成熟期。這一階段的努力方向爲就業即戰力與專業知識的培養。

◎磨合期

22 歲至 25 歲，剛踏入企業且試著適應企業文化，如何把所學與企業實際應用面能夠結合起來，爲這一時期的努力重點。

◎成長期

25 歲至 30 歲，此階段爲職場中轉變最大的階段，進入職場後，是否能讓你一直願意持續奮鬥，此爲一關鍵時期。通常一般人進入職場三、四年後，即能瞭解自己是否眞正適合於此公司發展，或是產生倦怠感。一旦無心於此職場環境，便無法在工作中繼續成長；但是如果通過磨合期，進入成長期，你就能夠眞正找到自己樂在工作的動機，並從中得到成就，更有往下繼續學習與投入的意願。所以此時期將是未來工作職位好壞的轉變關鍵。

◎成熟期

30 歲至 35 歲，這個時期是初步收成的階段，你將從職場工作上得到之前所投入的回報，進而引起你對工作產生興趣，而樂於接受更大的挑戰，公司也願意爲你挹注更多的資源並且賦予重責，因此你必須以開放的心不斷地成長，使人格益趨成熟，不僅要快速適應市場變動，還得持續增進本身創意、創新與創造的能量。

系統思考導入適應階段

- 適應階段目標：線的職位（成爲製造部門的部長）。
- 適應階段的努力方向：就業即戰力與專業知識的培養。
- 適應階段的適用系統基模：持續成長、富者愈富、消長競爭。

由圖 6-1 可知適應階段的曲線爲一非線性的成長曲線，意味著如何讓自己的職能快速成長，是這個階段的重點，所以應以正回饋相關的基模來進行此階段的規劃，我們可以運用持續成長、富者愈富、消長競爭這三個系統基模的重要關鍵字（持續成長的促進要素爲何、阻礙成長的要素爲何、加速成長的外部資源爲何），來思維如何在適應階段能順利讓自己的職能快速成長。由於這個時期要學習如何被人領導，因此面對主管要求你下班後繼續進修公司未來需要的技能，或接受不同單位輪調的安排（持續成長的促進要素），你都應該儘量用正向思考的角度去看待它，而非視爲主管在刁難或找麻煩。因爲進入職場後，即是一個學習的開始，不管你過去有多少了不起的經驗，都必須重新且快速的學習，而學習包含許多方向，1. 做中學，2. 回學校學習，3. 師徒方式的學習。那麼學習什麼？將依據自我當下對職場發展規劃而定，一般人皆需等到知不足才會主動積極學習，但如此將無法趕上職場的變化，所以想要成爲職場常勝軍，應當自己特意去學習這些互動部門的相關專業知識及管理技巧，或主動爭取輪調至這些互動部門的機會，這些知識與歷練都將有助於你未來更順利爭取到製造部門的主管職位，因爲機會是會留給平時就準備好的人。

而當公司提供團隊績效獎金時（加速成長的外部資源），團隊成員選擇相互合作或相互競爭的心態，將是團隊未來發展的重要關鍵（如圖 6-7）。當團隊績效獎金愈高，其實也代表著團隊的能力愈強，而公司也會願意未來將較多的資源投入在此。如此，團隊的規模將愈來愈大，而其他團隊所能掌握的資源將愈來愈少，所以你的團隊在公司的影響力與地位也會與日俱增。另外，如果你已經成家，當職場需要進一步進修或深造時，你的時間分配將會有所變化，這時因爲進修縮短了與家人的相處時間，家人可能會有所抱怨（阻礙成長的要素），所以需要做好妥善的時間管理。當系統思考導入適應階段時，「現在不好並不代表以後會不好」將是很重要的職涯規劃與發展的價值觀。只要你能確切掌握與執行成長的要素，並避免阻礙成長的要素，即使你的先天條件較差，還是有機會比別人早一步成功。上述職涯規劃持續成長、富者愈富、消長競爭的系統基模如圖 6-8、圖 6-9、圖 6-10 所示。另外，本書所設計的適應階段職業生涯規劃系統思考說明表，如表 6-5 所示，讓讀者方便進行相關資訊的彙整與分析。

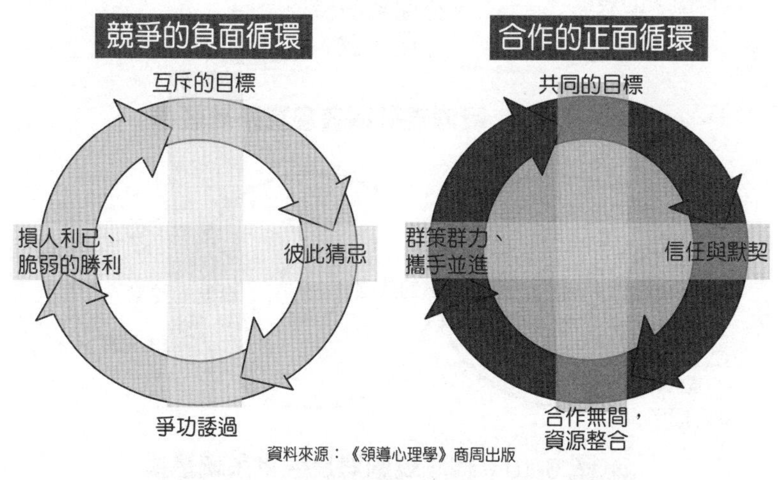

圖 6-7 團隊競爭或合作的循環效應

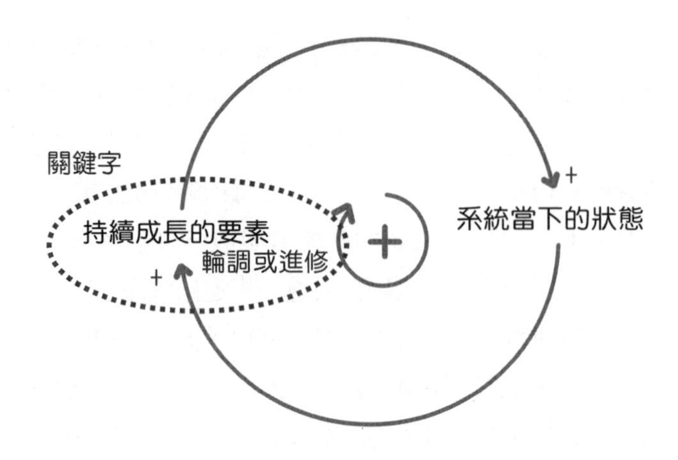

圖 6-8 職涯規劃持續成長系統基模

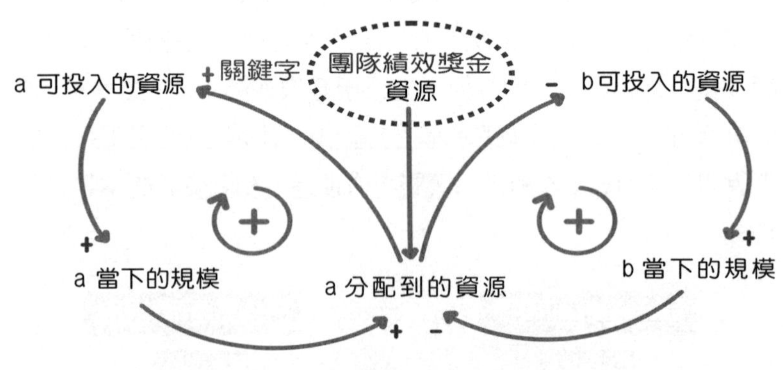

圖 6-9 職涯規劃富者愈富系統基模

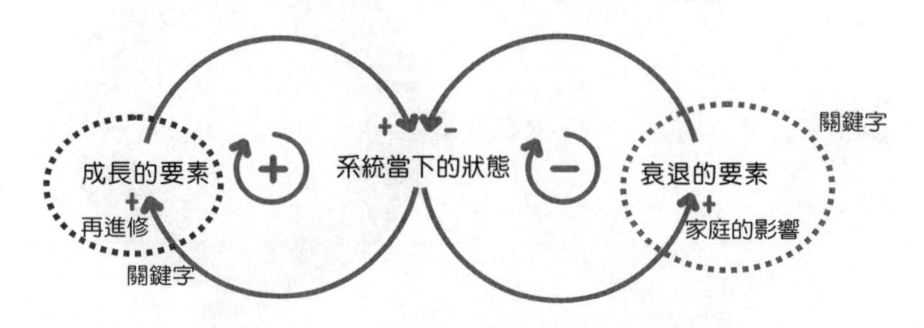

圖 6-10 職涯規劃消長競爭系統基模

表 6-5 適應階段職業生涯規劃說明表

目標職位（參考就業領域系統圖）	工作內容說明（參考就業領域系統圖）	工作性質與就業力關聯性分析（參考就業五力自我得分說明表，並可視需求加入其他能力）	養成階段的系統思考描述（建議可以初步使用持續成長、富者愈富、消長競爭系統基模中的關鍵字來思維）
（線） 製造部門的主管	產品庫存、開發與設計、物料庫存及成本控管與品質、生產進度的掌握、部門人力配置、上下相關部門的協調。	職位能力要求： ・觀察分析能力要求：佳 ・表達能力要求：佳 ・規劃能力要求：佳 ・管理能力要求：佳 ・問題解決能力要求：佳 現況能力程度： ・觀察分析能力要求：佳 ・表達能力要求：佳 ・規劃能力要求：佳 ・管理能力要求：尚可 ・問題解決能力要求：優	持續成長的促進要素： 學習互動部門的相關專業知識；主動爭取輪調至這些互動部門的機會…… 阻礙成長的要素： 因進修減少與家人的相處時間，家人可能會有所抱怨…… 加速成長的外部資源： 公司提供的團隊績效獎金……

（三）自我實現階段

自我實現（Self-Actualization）指的是充分的發展自我、充實自我、實踐自我，以求達到盡善盡美，篤實光輝的境地，並能超越各種對立性而達到統整的狀態。自我實現的人必然能夠建立統一且完整的自我意識，而不產生混淆和疏離的現象，同時他也能尊重自我並肯定自我的價值，具有自信以及和諧的人際關係[7]。自我實現階段的年齡區間爲35歲以後，此階段包含獨當一面期、高峰期與傳承期。這一階段的努力方向爲經驗與人脈的累積。

◎獨當一面期：35 歲至 41 歲

在此階段，你的專業能力及軟技能應該已累積的相當深厚，對事情的判斷應該已經很精準，自己除了能團隊合作外，也必須能獨當一面，有些企業公司甚至要求員工進入公司 2 至 5 年，就需要能獨當一面，不然你可能會承受相當大的壓力。早期企業工作分工很細，員工只要將自己範圍內的事做完就可以，所以久了就喪失了競爭力，如以目前全球化的工作世界做標準，他們是無法跟上工作轉變及生存的。

企業現在需要的員工是既能團隊作業也能獨立作業，並可以馬上解決問題，例如你面對客戶且服務客戶時，客戶所提出的需求你都可以適當滿足他，讓客戶滿意，你可以保有此客戶，並掌握客戶進一步還能開發有效客戶，客戶異議問題處理皆於期間內處理完畢，讓客戶和公司維持長期合作關係，並擁有自我管理、

---

7 陳福濱（2000），輔仁大學哲學系教授。《從生命的意義與價值談生命教育》。中華青少年純潔運動協會。

創新學習、積極向上及傳承能力，如此才算得上獨當一面的人才。

◎高峰期：41 歲至 47 歲

此期間你需要用心擴大影響力，那當然需要先變化個人氣質，做個更充實、更勤奮、更具創意、更能合作的人，然後再去影響你週遭的工作環境。把心力投注於自己能有所作爲的事情，並確認這期間對你最重要的什麼，如此所獲得的成就將使影響範圍逐步擴大。

信守諾言、身體力行，不做無法信守的承諾。運用自知之明，對自己的承諾有所選擇。將承諾視爲對自己誠意與信心的考驗，並與心愛的人共同分享這些承諾，做一枝照亮他人的蠟燭，而非論斷對錯的法官。不怕錯，只怕不改過，成功就在失敗的另一端。

別讓問題制服了你。與本身行爲有關的問題：解決之道在於改變習慣。與他人行爲有關的問題：改進發揮影響的方法。實在無能爲力的問題：微笑、眞誠平和的態度，接納這些問題。如果你想獲得一些改變的動力，就請你好好試鍊一下吧！

◎傳承期：47 歲至～

這期間的你，是一連串抉擇的過程，不同的選擇，迎向不同的未來。你可以藉著工作上的討論，將你累積的經驗盡情分享，此種對話，屬於世代之間，稱作傳承，你可以自己決定未來，或者聽聽人生導師的意見，有種能量，成就生命智慧，那叫分享。傳承，可塡補斷層，分享，能精益求精，因而，激盪創意火花、開創前進動力！

系統思考導入自我實現階段

- 自我實現階段目標：面的職位（成爲廠長）。
- 自我實現階段的努力方向： 經驗與人脈。
- 自我實現階段的適用系統基模：成長上限、飲鴆止渴。

由圖 6-1 可知自我實現階段的曲線爲一成長趨緩曲線，意味著自己的職位與能力都已發生了限制。並且在適應階段時，爲了加速成長而產生的後遺症也會隨之出現，所以我們可以運用成長上限、飲鴆止渴這兩個系統基模的重要關鍵字（成長上限的限制要素爲何、加速成長的後遺症爲何），來思維如何在自我實現階段能突破限制與避免後遺症的發生。人際關係是職涯發展的先決條件，因爲不論我們具備多少的專業技能及其他生涯發展的條件，都必須先能與人建立良好的人際關係，才能求得職涯的美好發展。在此階段裡，成長的停滯往往是因爲外在因素的影響，而此外在因素大多數都是與你的人際關係好壞或人脈多寡有關（成長上限的限制要素）。職場職位可分爲三種層次（如圖 6-11）——基層人員、中階人員及高階人員，則基層人員需要的專業技術占40%、人際關係占 40% 及整合能力占 20%；中階人員專業技術占 30%、人際關係占 40% 及整合能力占 30%；高階人員專業技術占 20%、人際關係 40% 及整合能力占 40%。由圖 6-11 可知，不管你是處於哪一層次，人際關係都是很重要的，而且良好的人際關係與豐沛的人脈，都是要靠時間不斷地經營與累積，所以想要讓你的職位在 35 歲以後不會發生嚴重的限制，則人際關係與人脈的管理要趁早做準備。

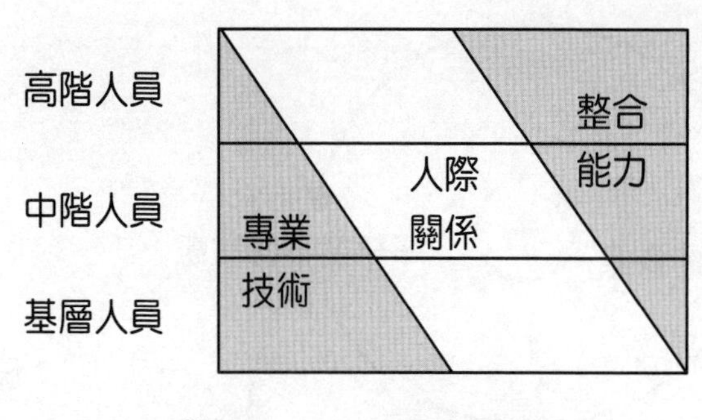

圖 6-11　階層能力圖

由於處於此階段的人，大部分都已成家且有小孩，所以當你全心投入職場時，往往需要得到家庭的支持與認同，若你忽視家庭的影響時，你可能會面臨職場家庭兩頭燒，或是你爲了工作，養成了經常熬夜的習慣，長此以往，你的健康將會出現問題（成長的後遺症），嚴重時將危及你的生命。因爲後遺症有時間滯延，所以身體負荷不是短時間就會出現問題，如肝是沉默的器官，也就因爲如此，幾乎每個人都會忽略時間滯延帶來的影響，當系統思考導入自我實現階段時，「職場對自我的眞正意義」將是很重要的職涯規劃與發展的價值觀。上述職涯規劃成長上限、飲鴆止渴的系統基模如圖 6-12、圖 6-13 所示。另外，本書所設計的自我實現階段職業生涯規劃系統思考說明表，如表 6-6 所示，讓讀者方便進行相關資訊的彙整與分析。

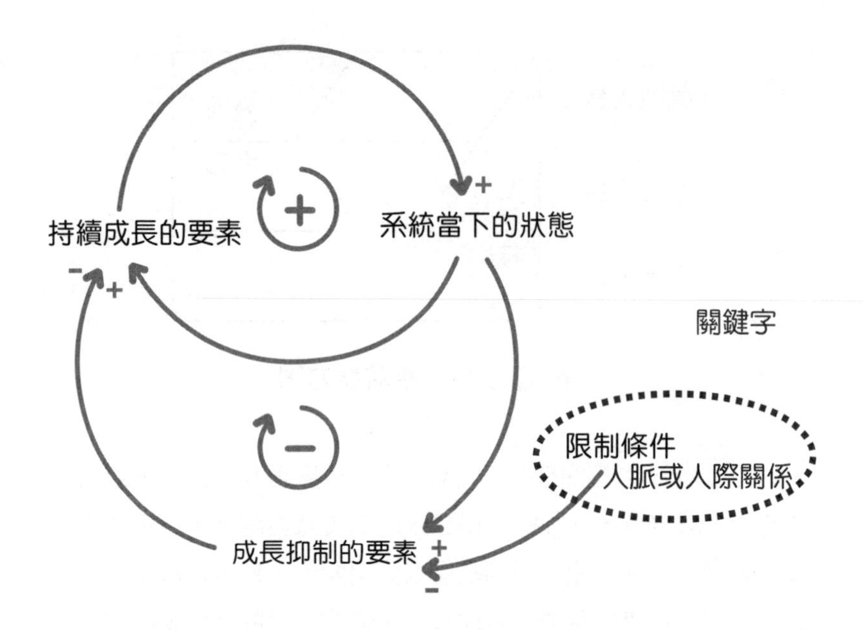

圖 6-12 職涯規劃成長上限系統基模

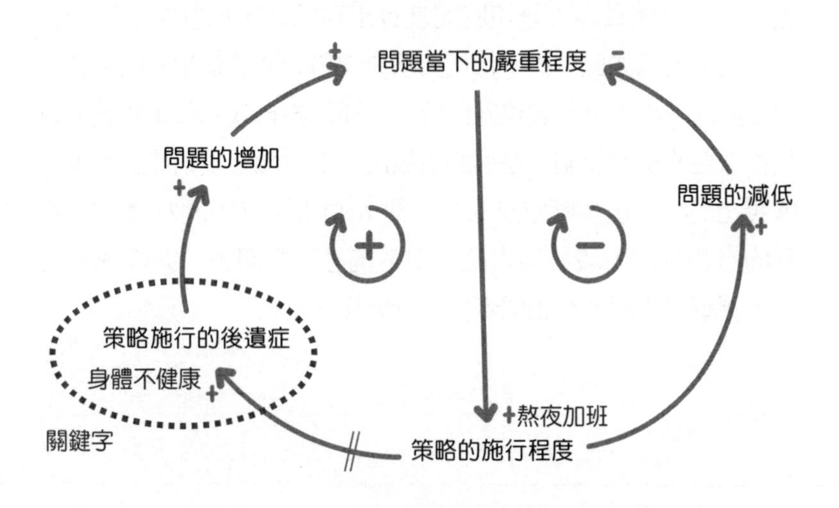

圖 6-13 職涯規劃飲鴆止渴系統基模

表 6-6 自我實現階段職業生涯規劃說明表

目標職位（參考就業領域系統圖）	工作內容說明（參考就業領域系統圖）	工作性質與就業力關聯性分析（參考就業五力自我得分說明表，並可視需求加入其他能力）	自我實現階段的系統思考描述（建議可以初步使用成長上限、飲鴆止渴系統基模中的關鍵字來思維）
（面） 廠長	經營戰略與經營計畫、銷售、採購、財務及統籌全廠區的事務。	職位能力要求： ・觀察分析能力要求：優 ・表達能力要求：佳 ・規劃能力要求：佳 ・管理能力要求：優 ・問題解決能力要求：優 現況能力程度： ・觀察分析能力要求：佳 ・表達能力要求：佳 ・規劃能力要求：佳 ・管理能力要求：佳 ・問題解決能力要求：優	成長上限的限制要素： 人際關係好壞或人脈多寡；整合能力…… 後遺症： 經常熬夜趕工，長此以往，你的健康將會出現問題……

職涯規劃自我評估工具圖表

職涯規劃自我評估工具可以利用以下的相關圖表進行，剛開始自己眼中的我和在別人眼中的我，可能會有所不同。在下表「自我記錄」中寫下自己所擁有的項目，再各找一位師長、好友及親人，聽聽他們對你的看法（他評），然後一樣地自我記錄下來，以上皆爲「主觀」下的你。最後利用職涯適性量表，在「測驗」中看自己爲何，如此「客觀」的自我，再與前面「自己眼中的我」、「他人眼中的我」比較，看看有什麼新的發現。然後繼續往下完成圖表資料，你就應該知道如何規劃你的職涯。

1.自我個性分析表

項　目	自　我　記　錄
自己眼中的我	
他人眼中的我（同儕）	
他人眼中的我（親人）	
他人眼中的我（師長）	
職業適性量表（測驗的我）	

2. 就業五力自我得分說明表

能力項目	得　分	舉證說明
觀察分析能力		
表達能力		
規劃能力		
管理能力		
問題解決能力		

0～1 能力嚴重不足

1～2 能力弱

2～3 能力尚可

3～4 能力佳

4～5 能力優

3. 就業五力自我評分雷達圖

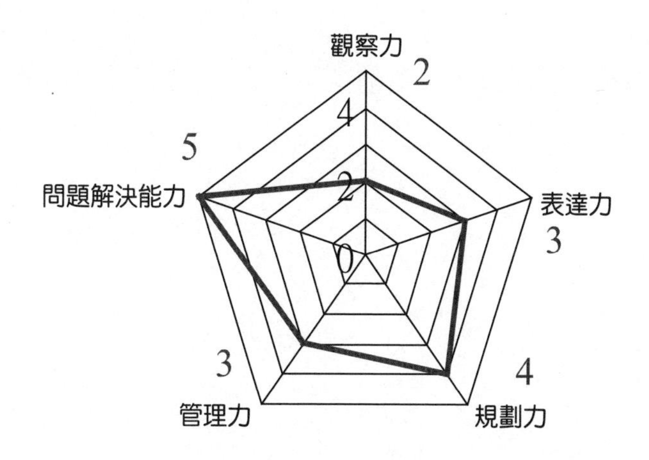

4. 就業領域系統圖（點：養成階段；線：適應階段；面：自我實現階段）

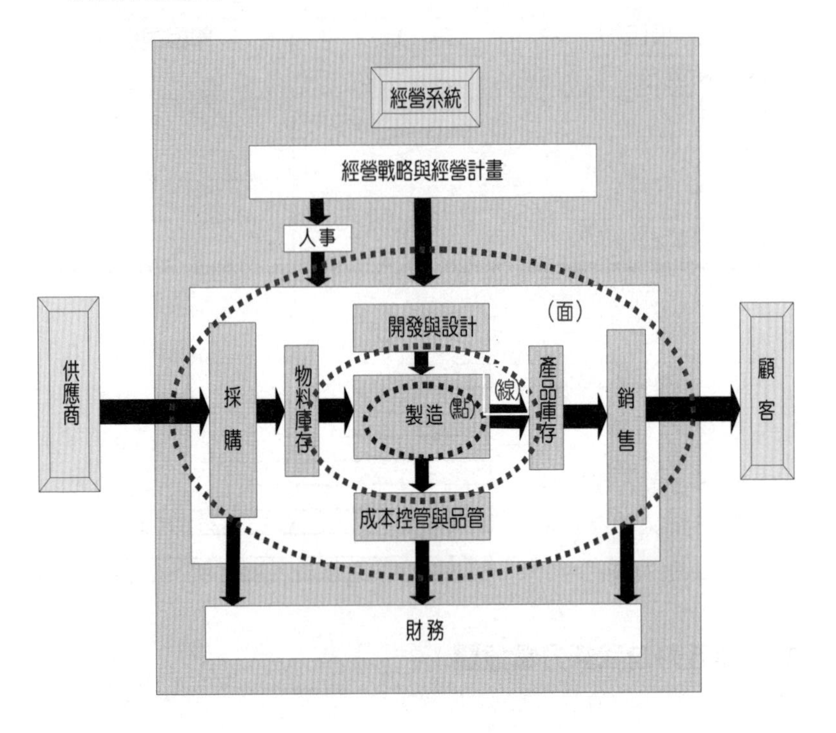

5. 養成階段職業生涯規劃系統思考說明表

應徵職位（參考就業領域系統圖）	工作內容說明（參考就業領域系統圖）	工作性質與就業力關聯性分析（參考就業五力自我得分說明表，並可視需求加入其他能力）	養成階段的系統思考描述（建議可以初步使用目標趨近，目標侵蝕系統基模中的關鍵字來思維）
（點）		職位能力要求： 觀察分析能力要求： 表達能力要求： 規劃能力要求： 管理能力要求： 問題解決能力要求： 現況能力程度： 觀察分析能力： 表達能力： 規劃能力： 管理能力： 問題解決能力：	目標： 行動： 時間滯延長度： 目標調降的壓力：

6. 適應階段職業生涯規劃說明表

目標職位（參考就業領域系統圖）	工作內容說明（參考就業領域系統圖）	工作性質與就業力關聯性分析（參考就業五力自我得分說明表，並可視需求加入其他能力）	養成階段的系統思考描述（建議可以初步使用持續成長、富者愈富、消長競爭系統基模中的關鍵字來思維）
（線）		職位能力要求： 觀察分析能力要求： 表達能力要求： 規劃能力要求： 管理能力要求： 問題解決能力要求： 現況能力程度： 觀察分析能力要求： 表達能力要求： 規劃能力要求： 管理能力要求： 問題解決能力要求：	持續成長的促進要素： 阻礙成長的要素： 加速成長的外部資源：

7. 自我實現階段職業生涯規劃說明表

目標職位（參考就業領域系統圖）	工作內容說明（參考就業領域系統圖）	工作性質與就業力關聯性分析（參考就業五力自我得分說明表，並可視需求加入其他能力）	自我實現階段的系統思考描述（建議可以初步使用成長上限、飲鴆止渴系統基模中的關鍵字來思維）
（面）		職位能力要求： 觀察分析能力要求： 表達能力要求： 規劃能力要求： 管理能力要求： 問題解決能力要求： 現況能力程度： 觀察分析能力要求： 表達能力要求： 規劃能力要求： 管理能力要求： 問題解決能力要求：	成長上限的限制要素： 後遺症：

7

你會催眠嗎？

系統思考與求職面試問題

文柏、楊朝仲、林秋松

畫一幅畫容易，還是評一幅畫容易？一般來說，無中生有恐怕比品頭論足來得困難，而偏偏在面試時，你就是無中生有的人，因爲你要想出答案，而主考官只要評論你的答案。

你是被動地接受提問嗎？

本標題是一個很愚蠢的問題，因爲在面試時，應徵者當然在大多數時間裡處於被提問者的地位。不過這個愚蠢的問題卻點出一件事，那就是下一個標題。

思考的主觀與不可測性

仔細想一下這個問題，你會讀心術嗎？這問題很好笑吧，一般來說，人的思考是既主觀又無法預測，這點從目前當紅的選秀節目中就可看出，評審的講評經常是前後矛盾，有時暗諷參賽者的實力好但外型差，不適合在重視外型的演藝界出片；但有時卻又稱讚外型不佳的人實力好，可以出片。所以，人心難測是大家都知道的，不過如果放在面試場合裡，這問題就沒那麼好笑了。想一下，你不但處於被動的地位，又沒辦法猜中考官的心思，這時候你要如何贏得考官的心呢？

當評審容易，還是當參賽者容易

接下來，再想一下這個問題，是畫一幅畫容易，還是評一幅畫容易？是寫一篇文章容易，還是評一篇文章容易？一般來說，無中生有恐怕是要比品頭論足來得困難許多，而偏偏在面試時，你就是無中生有的人，因爲你要想出答案，但主考官只要評論你的答案。曾經有間著名的律師事務所是這樣面試的，他會把所裡最困難、最棘手，幾乎無人能解的問題拿來問應試者，在這樣的情況下，換作是你，你有何感想。

◎如何善用被提問者的地位

在處於明顯不利且被動的地位時，你要如何利用面試的時間來說服考官呢，這時你必須利用系統思考，將主考官的思緒帶出他所設定的題目框架外，讓他的思考變得無所依據，然後再將他帶進你所設定的系統中；簡單來說，就是催眠他，讓他成爲被動的接受者，你成爲主導者。我們之前說過問題容易形成框架效應，這點對主考官來說也是一樣，因爲他的思考已經被他自己所想的問題限制住了，加上他理想中的答案又是主觀而無法預測的，因此這時最好的迎敵辦法，就是在不知不覺中打破他的題目，並將他的思緒導引進入你的系統中，而這時，你就會需要用我們在前幾章中所提出的方法來當作催眠這些主考官的工具啦。以下我們舉出一些概括性的題目來給你當作訓練習題：

- 題一：你對這份工作的目標與期望爲何？
- 題二：請簡單說明我們爲什麼要僱用你？
- 題三：你能爲本單位提供哪些建議？
- 題四：在你看來，成功和失敗之間有什麼差別？
- 題五：處理過最困難的事是什麼？怎麼處理？處理過程中你獲得了什麼？
- 題六：請你簡短地介紹一下你自己。

這幾個問題看似很普通也很抽象，但也因爲如此，所以要能快速回答出一個能讓人認同且在腦海中留下深刻印象的答案，其實並不容易，此時，你或許可以運用以下幾個小工具來幫你。

◎面試前的準備工作

首先，我們知道在不同的領域裡，相同的問題可能會產生不同的答案，相同的問題由不同的人來發問，也可能會有不一樣的標準答案。其次，我們也知道在面試前，你幾乎不可能會知道要被問些什麼。因此，在面試前，我們必須做些準備工作來面對這樣的情形。然而要怎麼準備，怎麼樣才能在這樣的情況下，快速跳脫出題目框架，想出一個能讓人認同且在腦海中留下深刻印象的答案來催眠主考官呢？我們建議你回顧第二章的內容，你就會清楚地知道準備方法，只要透過本書第二章的方法去做面試前的準備，那麼即便是一個素未聽聞的問題，你也絕對能輕鬆應付。

◎跟水、喉糖一樣重要的東西→表達能力

在一場面試中，水跟喉糖可以挽救你因緊張而乾澀的喉嚨，但拯救不了你因緊張而一片空白的腦袋，以及讓說者痛心、聽者痛苦的表達能力，這時我們建議你看一下第二章，利用其中方法以便在短暫的時間裡培養組織與表達能力，讓你平順地表達出你想要表達的。如果你在面試時需要用到英文，那麼我們建議你仔細參考本書第三章所述的方法，如此一來，你在進行英文面試時，使用最多的字彙將不再會是「呃～」、「嗯～」還有「唉～」這三個中文字。

◎快速表達工具

有沒有人告訴過你面試不能帶圖卡進去，我想應該沒有。我們認為在口語表達以外，你其實應該以圖卡來作為輔助表達工具，讓主考官透過你展示的圖卡來快速瞭解你的長處與能力。此時你可以透過第六章（職涯規劃）中介紹的繪圖方法來進行圖卡的繪製。簡單來說，就是當你透過第二章的方法準備了很多資料以後，你可以再透過第六章所介紹的繪圖方式，將自己專長的幾項能力特別凸顯出來，讓主考官一目瞭然。這樣的作法除了能讓主考官更瞭解你的專長，還有一個好處就是，或許可以導引主考官的思緒，讓他開始針對你的長處來發問，而一旦真是如此，你就可以開始牢牢抓住這難得的機會，一展身手。

◎魔術表演裡的煙火秀

除了上述方法，還有些東西是你可以注意的，那就是利用一些熱門的專業知識來充實你準備的資料。這就好像一場魔術表演，事前的準備與練習固然重要，但包裝手法的串場設計，像是詼諧的台詞與絢麗的煙火等等，一樣不可或缺。如果面試就像一場魔術表演，在第二章裡，我們要教給你的就是變魔術的手法。在第五章及第六章裡，則是說明如何設計一場絢麗的串場煙火秀。你在使用第二章中的方法準備口試時，可以將第五章的各種專案管理概念以及第六章中所介紹的職涯規劃概念導入，就能準備出一套一套專業而又漂亮的答案。要如何導入？別擔心，在這五、六兩章中，你可以順利找到如何將那些熱門概念導入的方法與案例。

介紹完輔助工具之後，現在請你利用這些工具來想一想要如何準備我們剛才提出的那六個題目。

題一：你對這份工作的目標與期望為何？

也許你可以這樣想——

・點線面的職位目標規劃藍圖，即：

點職位：養成階段目標；

線職位：適應階段目標；

面職位：自我實現階段目標。（本書第六章）

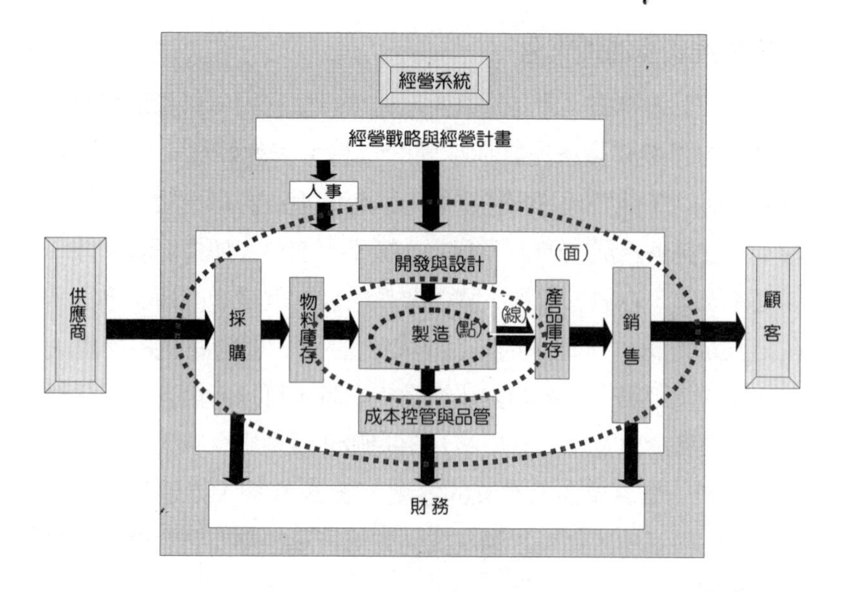

・就業領域系統圖

（點：養成階段；線：適應階段；面：自我實現階段）

（本書第六章）

・利用目標趨近及目標侵蝕這兩個系統基模的重要關鍵字（目標為何、行動為何、時間滯延長度、目標調降的壓力為何）來思維如何在養成階段中能順利達成目標，及避免目標被侵蝕的現象發生。（本書第六章）

・運用持續成長、富者愈富、消長競爭這三個系統基模的重要關鍵字（持續成長的促進要素為何、阻礙成長的要素為何、加速成長的外部資源為何），來思維如何在適應階段能順利讓自己的職能快速成長。（本書第六章）

・可以運用成長上限、飲鴆止渴這兩個系統基模的重要關鍵字（成長上限的限制要素為何、加速成長的後遺症為何），來思

維如何在自我實現階段能突破限制與避免後遺症的發生。（本書第六章）

題二：請簡單說明我們為什麼要僱用你？

也許你可以這樣想——

・職業生涯規劃系統思考說明表（本書第六章）：

工作性質與就業力關聯性分析（參考就業五力自我得分說明表，並可視需求加入其他能力）

職位能力要求：

觀察分析能力要求：佳
表達能力要求：佳
規劃能力要求：尚可
管理能力要求：尚可
問題解決能力要求：尚可
其他（專業技能要求：佳）

現況能力程度：

觀察分析能力：弱
表達能力：尚可
規劃能力：佳
管理能力：尚可
問題解決能力：優
其他（專業技能：尚可）

・就業五力自我得分說明表（本書第六章）

能力項目	得分	舉證說明
觀察分析能力	2	曾投資股市，而且多次親自操作獲利。
表達能力	3	曾參加演講比賽得第三名。
規劃能力	4	曾規劃過500人的迎新大露營。
管理能力	3	曾擔任班級與社團幹部。
問題解決能力	5	在餐廳打工時，經常圓滿解決客人所抱怨的問題。

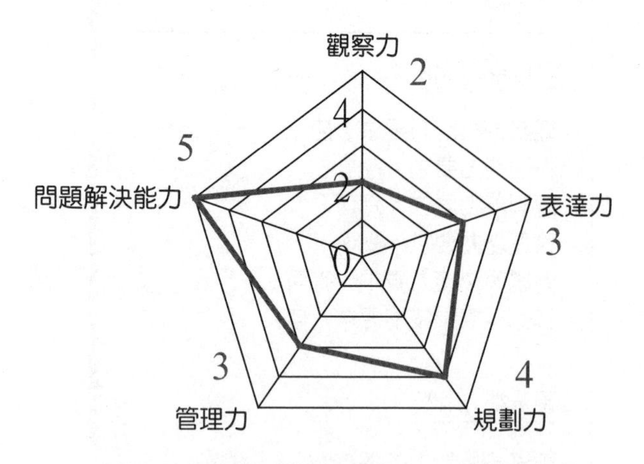

・就業五力自我評分雷達圖（本書第六章）

題三：你能為本單位提供哪些建議？

也許你可以這樣想——

・風險管理系統思考分析表（本書第五章）

利害關係對象	議題描述	問題類型	回應計畫
甲工廠＋環保署	甲工廠成長受限於環保署汙染總量管制	成長上限	・汙染交易稅（轉移風險） ・採購廢污水處理設備（減低風險）
甲工廠＋乙工廠＋中央政府	政府補助金對於甲、乙兩工廠的分配方式	富者愈富	・與其他同業結盟（避免風險） ・提高資本投入比例（減低風險）
甲工廠＋乙工廠＋環保署＋中央政府	甲工廠的規模擴張行為、環保署汙染總量管制與政府補助金的分配方式	成長上限＋富者愈富	・汙染交易稅或採購廢污水處理設備＋與其他同業結盟或提高資本投入比例

題四：在你看來，成功和失敗之間有什麼差別？

也許你可以這樣想——

・當系統思考導入養成階段時，「成功是需要時間等待的（時間滯延）」將是很重要的職涯規劃與發展的價值觀。（本書第六章）

・當系統思考導入適應階段時，「現在不好並不代表以後會不好」將是很重要的職涯規劃與發展的價值觀。只要你能確切掌握與執行成長的要素並避免阻礙成長的要素，即使你的先天條件較差，還是有機會比別人早一步成功的。（本書第六章）

題五：處理過最困難的事是什麼？怎麼處理？處理過程中，你獲得了什麼？

也許你可以這樣想——

・利用系統思考的結果與答案來對原來的問題進行延伸性思考，來看看原來的問題究竟是不是問題，讓你更能清楚的知道究竟想要解決或獲得的是些什麼，目標在哪裡。而延伸性思考所產生的反思問題將再繼續進行下一階段的系統思考，所以系統思考與延伸性思考彼此間也是一個相互回饋的流程。（本書第二章）

・系統思考分析表（本書第二章）

利害關係者	議題	系統基模
自我與英文	補習	・目標趨近 → ・目標侵蝕 → ・目標侵蝕＋飲鴆止渴 (1)
自我、英文與老師	補習＋老師的態度	目標侵蝕＋飲鴆止渴 (1) ＋飲鴆止渴 (2)

系統思考

- 體認成績進步是有時間滯延。
- 體認時間管理的重要性（補習讀書睡眠並重）。
- 面對不專心，老師應探究原因。

延伸性思考

上述問題衍生→

◎英文成績好時，其他科目成績要不要好？

◎如果都以補習方式學習，學校課程還需要在意嗎？

◎如果不補習，可否利用其他方式使英文成績進步？

英文學習的延伸性思考（本書第二章）

題六：請你簡短地介紹一下你自己。

也許你可以這樣想——

・自我個性分析表（本書第六章）

項　目	自　我　記　錄
自己眼中的我	對任何事物都充滿好奇、喜歡幫助別人、責任心強、自我要求高、容易緊張和害羞、缺乏耐心、情緒不穩定、……。
他人眼中的我（同儕）	貼心、做事情會瞻前顧後、盡力、愛笑、替人著想、負責任、熱心、心思細膩、小氣、沒時間概念、耐心不足、……。
他人眼中的我（親人）	做事認真、對自我要求高、別人交代事情一定要處理完善、自理能力差、顴前不顧後、少一根筋、乖巧、聰明、……。
他人眼中的我（師長）	熱心助人、 做事細心、思考性高、有領導力、分析細膩、懶惰、時間管理差、較自我、無團體觀念、……。
職業適性量表（測驗的我）	社交性高（低）、主導性高（低）、行動力高（低）、活動性高（低）、挑剔性高（低）、攻擊性高（低）、思考性高（低）、個性內（外）向、情緒（不）穩定、……。

要特別說明的是，上面這些答案只是舉例，並不是標準答案，也不是說你就只能從這些方向去想，就以第六題來說，你當然可以用自我個性分析表來想一想，但那只是前人的經驗歸納與知識總結，你並不是只能這樣做，你還可以用我們在「題五」裡提到的延伸思考、還有系統思考來想一想這題。試想，你在面試前已經繳交過書面自傳了，爲何面試的主考官還要請你簡單介紹一下自己呢？難道他是文盲，不會自己看嗎？這時你就需要想一下這個題目到底其背後的用意在哪裡，有沒有你可以利用的地

方，你能不能跳脫框架並反過來利用這個題目去催眠主考官。

記住，不要嘗試找出別人心中的正確答案，因為你不是他肚子裡的蛔蟲，這樣做只是在浪費時間，你唯一能做的，就是利用本書介紹給你的工具與方法，去找出一個屬於你自己、能展現自信並且能說服別人、讓別人放棄他心中答案的答案。

最後，看到這裡，你是否已從中找到任何一個可以直接應用在你生活問題上的「答案」呢？還是你看到了一些步驟與方法，而透過這些步驟與方式，你可能會找到專屬於自己的答案？

唸不好，別放棄！系統思考來救你

八爪章魚覓食術與高中創新教學

楊朝仲、徐文濤、文柏、李政熹

「眼睛看到的叫視線」，「眼光看到的叫遠見」；學習八爪章魚覓食術，讓高中生視線變遠見！

當我們在高中推廣系統思考，很明顯發現，對於剛開始接觸系統思考的中學生，若直接讓他們學習各種系統基模，很容易導致基模種類變化太多而不易活用，造成他們應用上的挫折感，進而影響他們願意繼續精進系統思考的意願。有鑑於此，再加上高中端的系統思考應用主要著重在「問題解決」方面，所以在高中導入，我們採用《反直覺才會贏》[1]一書根據目標趨近基模的概念與問題解決的定義所重新設計的「八爪章魚覓食術」（《反直覺才會贏》，爲本書作者楊朝仲與文柏的另一本系統思考相關著作），來取代系統基模的直接教授。八爪章魚覓食術以章魚頭繪製及爪子伸出抓食物與爪子將食物捲回口中來演繹問題的定義與從問題核心進行發散與收斂的分析，由於這樣的設計方式不僅有趣好記而且容易學習應用，受到許多高中老師與學生的歡迎，並且已經有不少高中實際進行八爪章魚覓食術各科教案開發與選修課程的教授工作。

認識系統思考八爪章魚覓食術

（一）章魚頭的繪製

一般問題的定義如圖 8-1 所示，由理想狀態（目標）、現實狀態（現況）與差距所組成。當目標與現況間發生差距時，可能意味著出現了問題。通常差距愈大時，問題的嚴重程度也愈高。

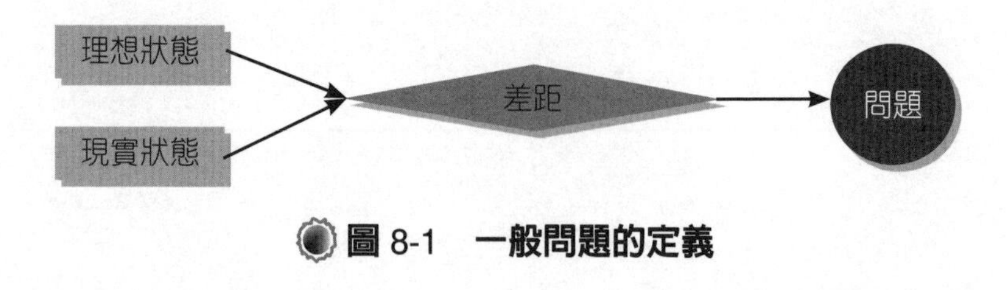

圖 8-1　一般問題的定義

1　楊朝仲、文柏、洪世澤、陳國彰著，《反直覺才會贏》（台北，商訊文化，2011）。

舉例如下，英文現況成績爲 70 分，自我要求的目標成績爲 100 分，此時目標與現況間發生了 30 分的差距，所以問題的定義即爲——英文不夠好，如圖 8-2 所示。

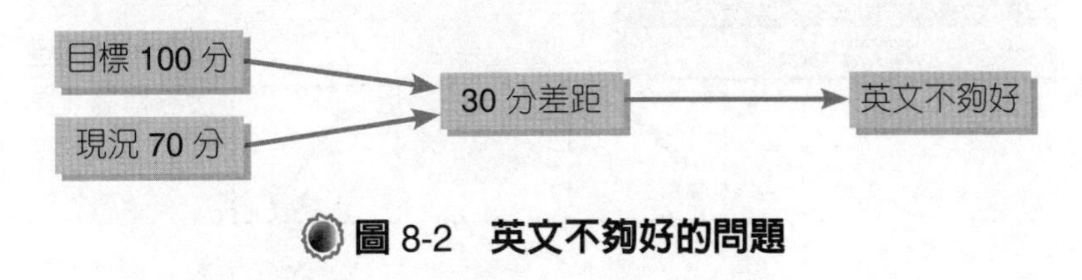

圖 8-2　英文不夠好的問題

這時，我們便會採取相對應的措施或對策，希望藉著措施或對策的產出或效果，來改變現況，以期縮小與目標的差距，進而解決問題。上述問題定義的「目標」、「現況」、「差距」與採取的「措施（對策）」和其「效果（產出）」五個名詞即爲章魚頭的核心結構，如圖 8-3 所示。

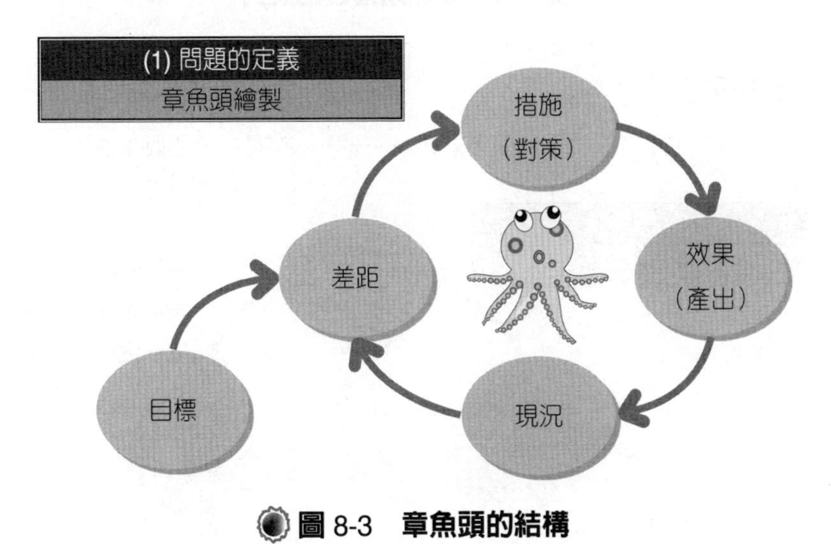

圖 8-3　章魚頭的結構

章魚頭繪製需要遵循以下四個規則：

1. 規則一：

箭頭的連接線需解讀成「影響」的意思，如圖 8-4。

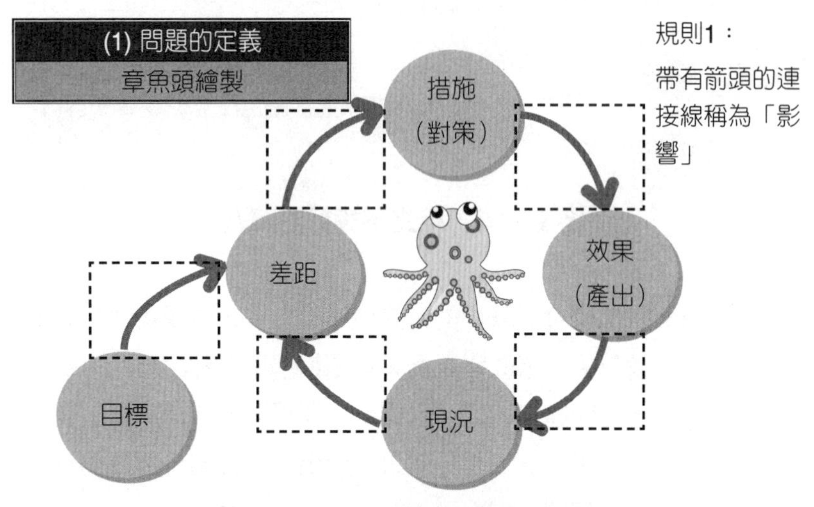

圖 8-4　章魚頭繪製的規則一

2. 規則二：

圖形中的每一區塊都只能放入一個「名詞」，如圖 8-5。

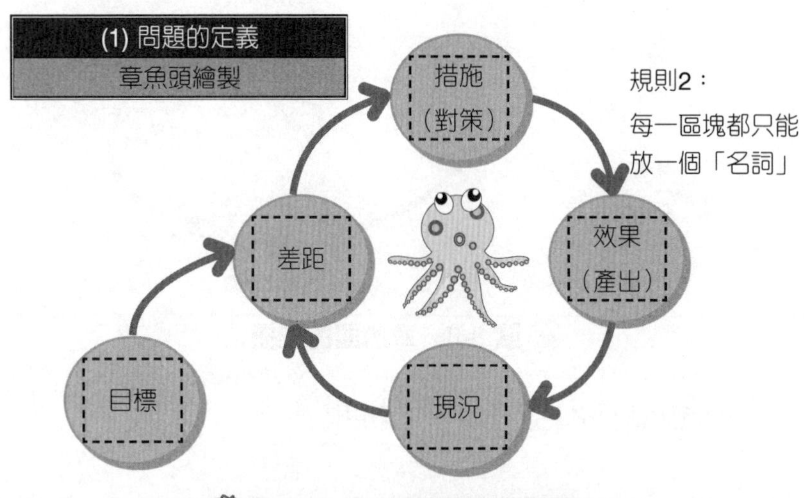

圖 8-5　章魚頭繪製的規則二

3. 規則三：

「現況」必須是會隨時間而累積或減少的東西，如圖 8-6。

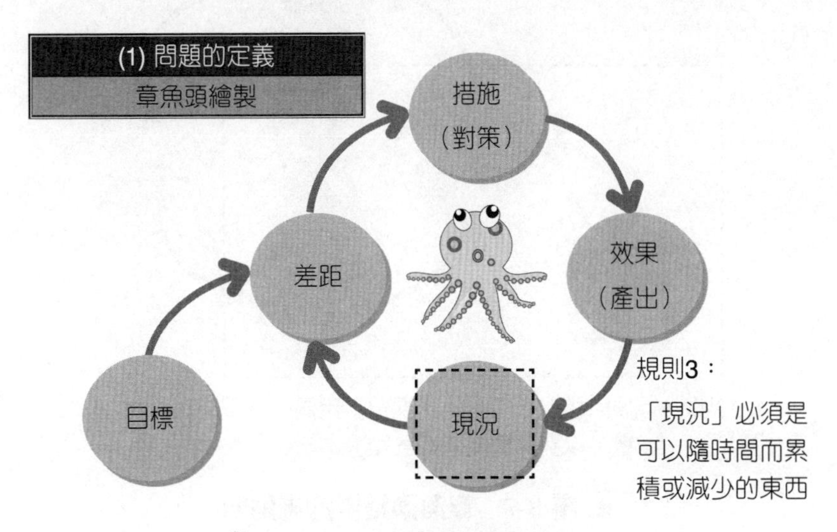

圖 8-6　章魚頭繪製的規則三

4. 規則四：

「現況」與「目標」區塊中的名詞，必須可以用同一種單位來衡量，以利具體反映「差距」，如圖 8-7。

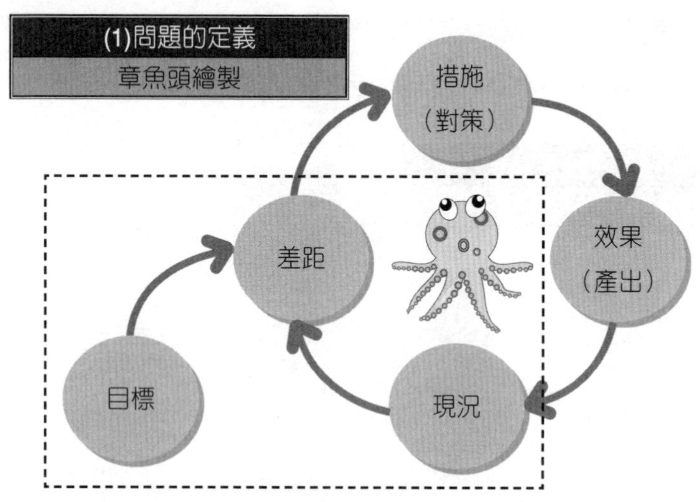

圖 8-7 章魚頭繪製的規則四

第二章的補習案例，其章魚頭繪製如圖 8-8 所示。

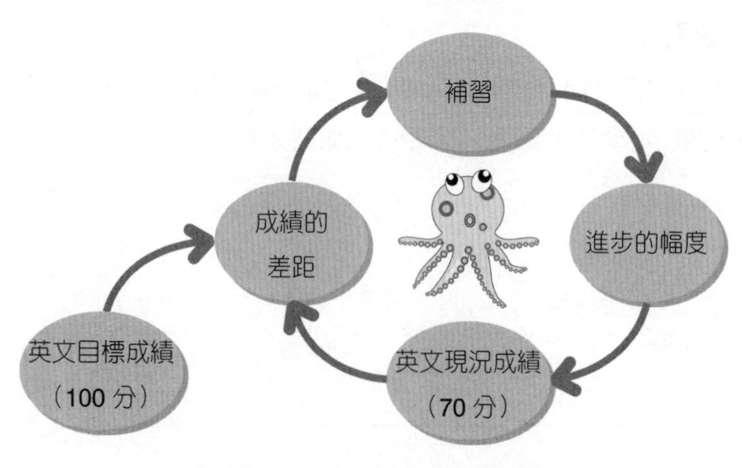

圖 8-8 補習案例的章魚頭

（二）爪子覓食的繪製

當章魚頭繪製完成後，接著再由章魚頭上的組成名詞（如：目標、現況、差距、對策、產出）進行問題的發散思考（類比為章魚伸出爪子抓食物），例如：採取的策略是否有其後遺症及後遺症會影響哪些利害關係者、差距沒變小會如何及差距沒變小會影響哪些利害關係者，如圖 8-9 所示。之後再進行收斂思考（類比為章魚爪子抓到食物後，再將其捲回至章魚嘴中），例如：後遺症所影響的利害關係者會不會一段時間後再影響到我們的問題、差距沒變小所影響的利害關係者會不會一段時間後再影響到我們的問題，如圖 8-10 所示。

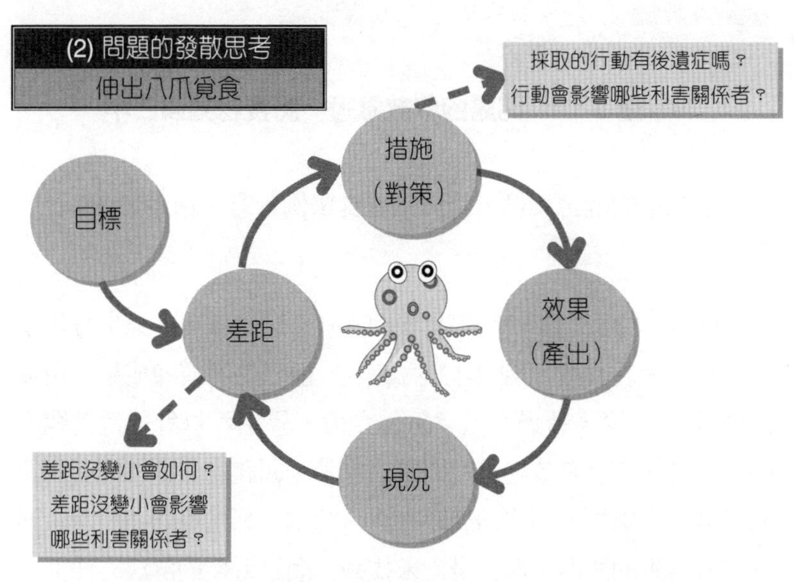

圖 8-9 問題的發散思考—伸出八爪覓食

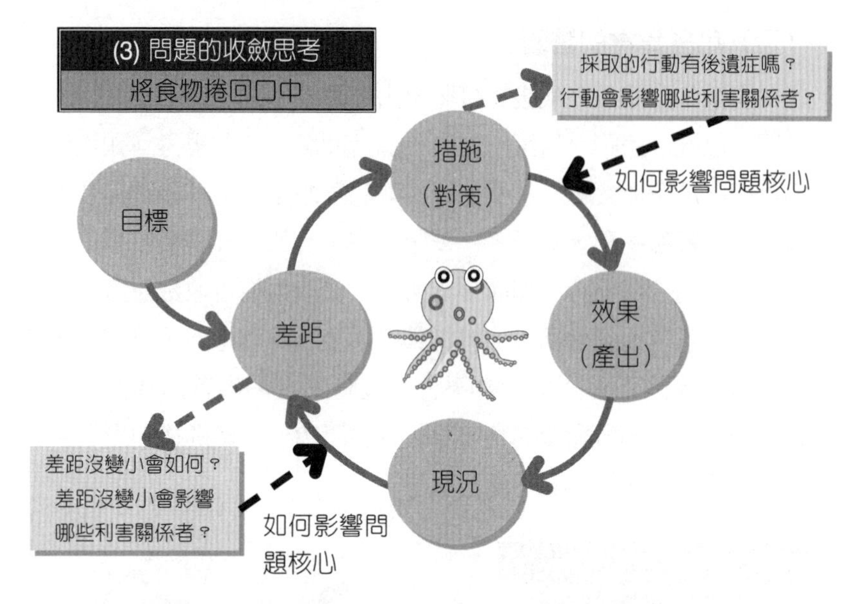

圖 8-10　問題的收斂思考—將食物捲回口中

第二章的補習案例，其爪子覓食舉例示意，繪製如圖8-11所示。

圖 8-12 爲楊朝仲教授實際於明道中學指導高一學生分組演練八爪章魚覓食術，圖 8-13 爲其中一組學生的演練成果。由圖 8-13 可以發現，透過八爪章魚覓食術，學生可以針對他們關心的生活問題輕易有效地進行問題的定義、問題的分析與配套對策的研擬。從學生要解決的問題來看，基本上都是他們在日常生活當中所發生的問題，而且是尚未找到「問題最佳的解決方法」，或是「在解決的過程中，發生了一些無法預期且無法克服的困難的問題」，例如：「採用自我催眠的對策一段時間，爲何沒有使我的人生觀變得更積極？」「採用體能訓練一段時間後，爲何跑步速度沒有變快？」「頻繁催促多次後，爲何同學還是遲遲不下

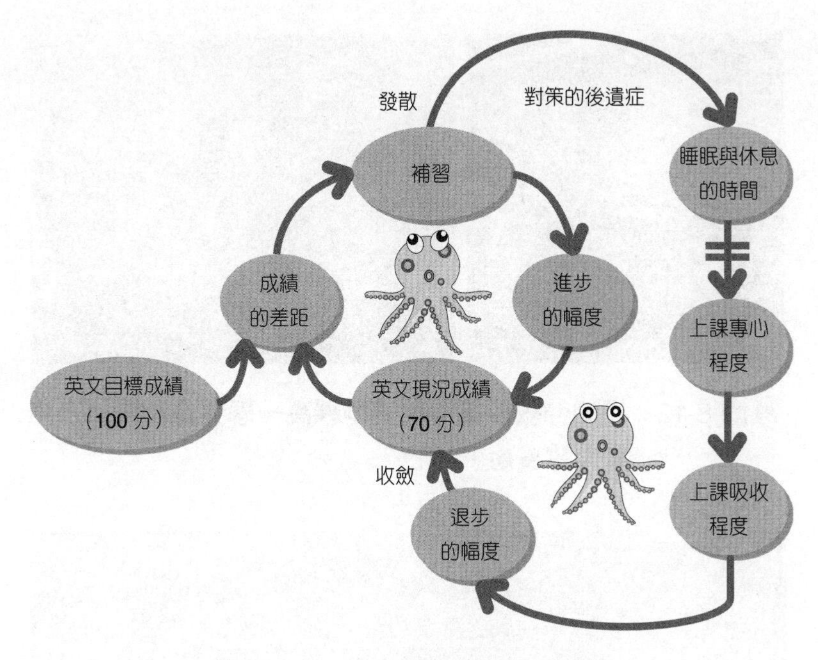

圖 8-11　補習案例的爪子覓食

樓參加升旗？」「爲何想不出系統思考作業的好題目？」「運動一段時間後，爲何體重沒減少？」「採用喝牛奶對策一段時間後，爲何還是沒長高？」以上這些題目在經過各小組的熱烈討論後，集合眾人的智力，竟然也能討論出問題的癥結所在，並且有了初步的結論。值得注意的是，這些問題的解決，學生們並非天馬行空，毫無根據的空談；反而是藉由他們過去的學習過程所得到的知識，加上個人的生活經驗，以及上網瀏覽其他人的意見後，所綜合出來的結論。藉由系統思考的理論架構，學生們所思考的面向更多元，也注意到「時間遞延」所產生的效果，問題解決的成功率也提高不少。

圖 8-12　楊朝仲教授指導明道中學高一學生分組演練八爪章魚覓食術

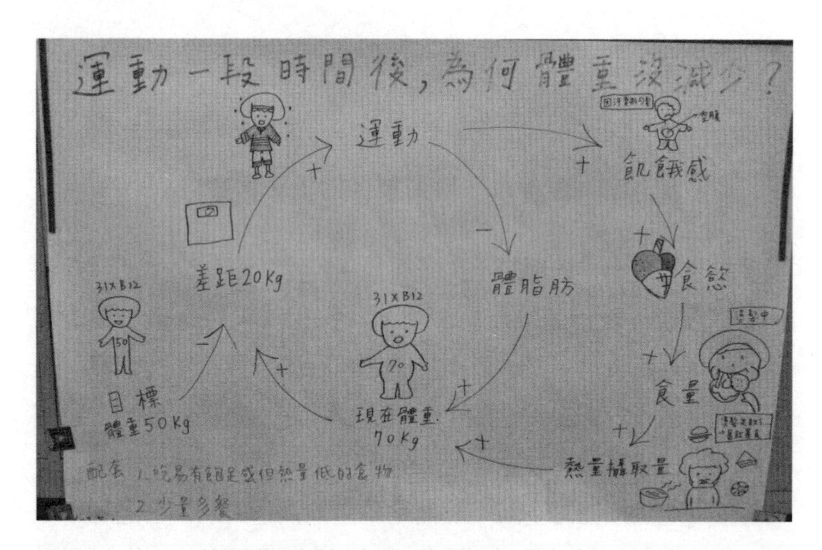

圖 8-13　明道中學高一學生分組演練成果（運動一段時間後，為何體重沒減少？）

八爪章魚覓食術在英文學測作文的應用

大學入學考試英文作文滿分是 20 分，為何全國考生平均分數僅有 6 分？我們從大考中心的英文作文分項式評分指標來看，如表 8-1 所示，就可以猜測 6 分大部分都可能來自於最後三項（文法、句構；字彙、拼字；體例），所以只要標點符號沒標錯、拼字與文法錯誤少，應該就能得到 6 分。但是內容與組織加起來共 10 分，為何不容易拿到分數呢？關鍵可能就在英文文章整體結構布局和問題解決邏輯分析上。

表 8-1　大考中心英文作文分項式評分指標優等說明表

等級／項目	優
內容	主題（句）清楚切題，並有具體、完整的相關細節支持。 （4-5 分）
組織	重點分明，有開頭、發展、結尾，前後連貫，轉承語使用得當。 （4-5 分）
文法、句構	全文幾無文法錯誤，文句結構富變化。 （4 分）
字彙、拼字	用字精確、得宜，且幾無拼字錯誤。 （4 分）
體例	格式、標點、大小寫幾無錯誤。 （2 分）

英文作文重視「形合」，就是它的形式要合乎它的邏輯，所以它的起承轉合相當嚴謹。近幾年學測英文作文經常出現四格漫畫的作文題目，如圖 8-14 與圖 8-15 所示。

圖 8-14　民國100年學測英文作文題目

圖 8-15　民國103年學測英文作文題目

這類的題目其實都是希望同學能展現問題解決能力，也就是文章撰寫的起承轉合順序必須從問題的定義開始，進而問題分析，最後再到問題解決。所以這類題目非常適合運用八爪章魚覓食術來演繹文章的內容與組織，以下我們用民國 100 年的學測英文作文題目來示範說明。

「起」是源起，源起就是要把問題爲何會發生的現況、目標與差距具體說明出來，那就是所謂問題的定義，民國 100 年學測英文作文題目之圖 1 就是源起的描述，如圖 8-16 所示。章魚頭的「現況」就是在化裝舞會認識的心儀女孩，當時彼此的好感度只有 60 分，處於普通朋友的程度。「目標」就是希望能達到好感度 100 分，進而成爲男女朋友。「差距」就是現況與目標好感度的相差程度。

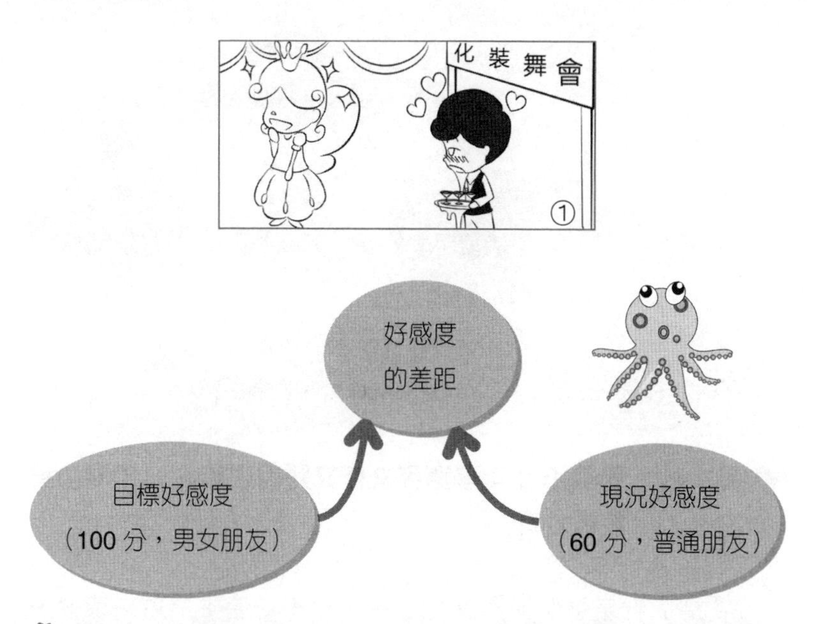

圖 8-16　民國 100 年學測英文作文題目之圖 1 八爪章魚覓食術分析

「承」就是你要依據差距的大小程度，去提出相應的對策，民國 100 年學測英文作文題目之圖 2 就是對策的描述，如圖 8-17 所示。針對好感度的「差距」所提出的「對策」就是到心儀之人的家裡樓下進行月下彈琴示愛，對策的「效果」就是好感度進步的幅度會增加，進而讓「現況」的關係從普通朋友變成好朋友或男女朋友。

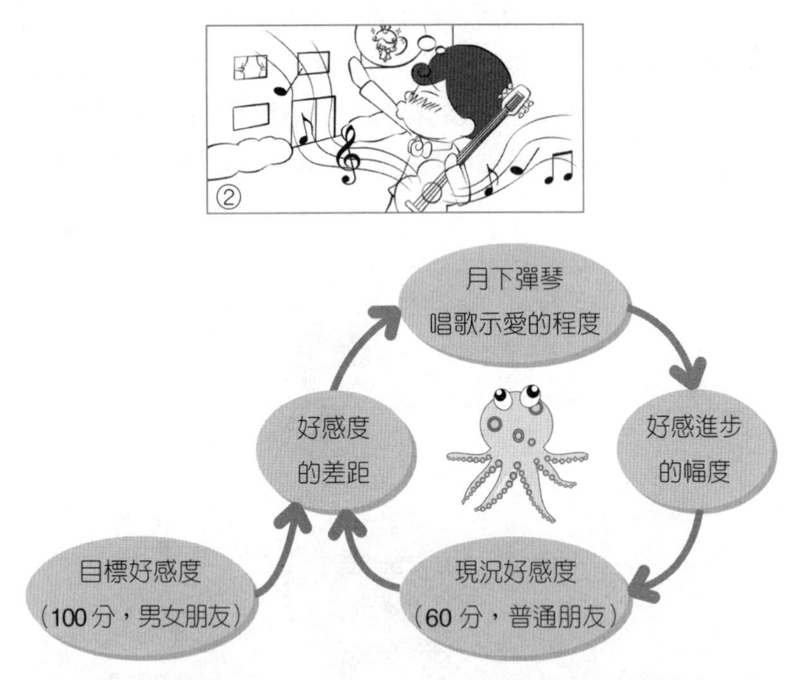

圖 8-17　民國 100 年學測英文作文題目之圖 2 八爪章魚覓食術分析

「轉」就是這個對策施行之後，會不會產生反效果或後遺症，鼓勵大家從另外一個面向去思考原問題，也就是章魚爪子伸出與捲回的覓食思維，民國 100 年學測英文作文題目之圖 3 就是反效果或後遺症的描述，如圖 8-18 所示。月下彈琴示愛的「對策」可能會產生夜間製造噪音的情形，這樣的對策持續一段時間後，同一棟樓鄰居累積的抱怨程度就會越來越嚴重，如果屢勸不聽，鄰居就會轉向遷怒指責心儀之人，造成心儀之人對自己的好感度產生退卻的「後遺症」，後遺症讓「現況」可能從好朋友轉成普通朋友或陌生朋友。

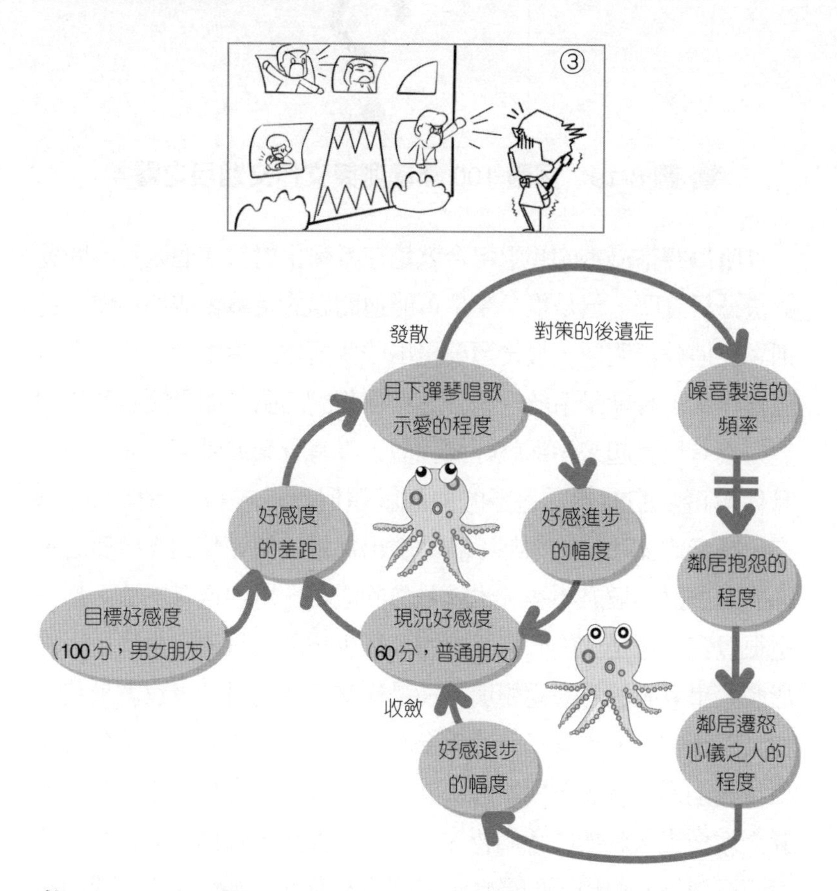

圖 8-18　民國 100 年學測英文作文題目之圖 3 八爪章魚覓食術分析

最後「合」就是當你看到問題全貌之後，要能提出治標又治本的方法，民國 100 年學測英文作文題目之圖 4 的問號就是希望學生能提出避免後遺症的配套策略或是治本的對策，如圖 8-19 所示。例如：調查社區有何文康活動舉辦，爭取社區活動表演曝光的機會或是改成錄製唱情歌的影片寄給她等等。

圖 8-19 民國 100 年學測英文作文題目之圖 4

所以四格漫畫的起承轉合就是在考學生對於這個題目的問題解決分析說明，但是很多學生可能連問題的定義組成都不懂，更別說要他分析問題，最後還要提出一些治標、治本的方法。那是因爲作文本身就是系統性整合思考很強的活動，如果問題解決的能力沒有培養起來，那就好像我們人沒有骨架或骨架不完整，就算你塡再多的血肉（這邊的血肉就類似於是成語、多樣化的單字、高深的文法），你都不容易看出那是一個完整的人。反之，你的血肉雖然塡充不多，也就是你的成語、單字還有文法，都不是很豐富，但是你的骨架是對的，至少讓別人看得出來那是人的形體，畢竟表達思考邏輯與結構是作文首要的目的，也就是英文作文跟國文作文要拿高分的重要關鍵。所以我們應該要讓學生在學校先上過系統思考問題解決的課程之後，再交棒給國、英文老師去教作文。就如同我們背完九九乘法表後，我們才能夠有效進行四則運算的教學，如果今天我們沒有背九九乘法表就教四則運算，其實很容易徒勞無功。

八爪章魚覓食術在國文學測指考作文的應用

目前我國高中生升大學主要參加兩項重要的考試，一是學科能力測驗，一是大學指定科目考試，這兩項考試的成績攸關高中生畢業後可以就讀的大學與科系，因此可說是非常重要的升學考試。而無論是參加哪一項考試，其中國文科長篇作文占的分數約爲該科成績的四分之一（27 分），也是大部分考生視爲較有挑戰性的考試項目。大考中心也在民國 105 年宣布，自民國 107 年開始，大學入學考試國文科變革定案，其中最大的變革是指考不再考作文，全部變選擇題，而學測作文將獨立成一單獨考科，考試時間爲 80 分，作文題目的素材也將涵蓋人文、社會、自然等不同學科的領域，測驗的主要目的在於評量考生是否具備就讀大學的國語文表達能力。另外，作文題目也可能出現「二擇一」的形式，讓考生可以自由選擇任一題作答，而學測國文與指考國文全卷則皆爲選擇題。學生雖然有了較充裕的時間寫作，然而寫作的能力不是只要有足夠的時間，就能寫出一篇架構完整、內容豐富且切合題目要求的佳作。在與逢甲大學楊朝仲教授學習八爪章魚覓食術的過程中，發現系統思考對於一篇作文架構的完成有相當大的幫助，以下將針對筆者（這裡筆者是指本文作者徐文濤老師）教授高中國文及作文多年的經驗，和大家分享如何應用系統思考八爪章魚覓食術來協助高中學生面對作文考試時，能夠寫出一篇架構完整且切合題目的文章。

1. 高中生作文寫作常見的問題

在指導高中學生書寫作文的教學經驗中，筆者發現寫一篇作文首先會遇到的第一個難題就是「如何下筆？」也就是許多學生無法在短時間內思考並且決定「我要如何開始寫這篇作文？」尤其是在參加大學學測時，國文考科的考試時間是有限制的，一篇沒有完成的作文和一篇內容貧乏，言之無物的作文，分數是一樣悽慘的。另外，再從大學學測作文的評分標準來看，「文章段落結構完整」更是得到基本分數的保證，因此筆者決定利用「八爪章魚覓食術」的方法與策略，培養學生具備「構思作文寫作的方向與架構」的能力。

2. 八爪章魚覓食術與作文題目的關係

八爪章魚覓食術是一種強調全面性的思考模式，以系統的方式思考諸多環環相扣、影響問題發生與解決因素的一種問題解決方法。而近幾年的學測與指考作文題目，絕大多數都是提出一個考生在過去、現在曾經遭遇，甚至是未來將會面臨的一些「人生問題」，在面對問題時的重點不能只是描述問題，更重要的是該如何有效的解決問題。以下列舉一些歷年學測與指考的作文題目，並試著找出這些題目與人生問題的關聯性，如表 8-2 所示。

表 8-2　歷年學測與指考的作文題目對應的人生問題

學測	題　目	對應的人生問題
99 年學測	漂流木的獨白	生存的問題
100 年學測	學校和學生的關係	挑戰與挫折的問題
101 年學測	自勝者強	挑戰與挫折的問題
102 年學測	人間愉快	人生階段的問題
103 年學測	通關密語	挑戰與挫折的問題
104 年學測	獨享	人生階段的問題
105 年學測	我看歪腰郵筒	挑戰與挫折的問題
指考	**題　目**	**對應的人生問題**
99 年指考	應變	挑戰與挫折的問題
100 年指考	寬與深	職涯的問題
101 年指考	我可以終身奉行的一個字	挑戰與挫折的問題
102 年指考	遠方	職涯的問題
103 年指考	圓一個夢	職涯的問題
104 年指考	審己以度人	生存的問題
105 年指考	舉重若輕	挑戰與挫折的問題

首先要先說明的是，只從題目的字面恐怕不容易理解這個題目所對應的人生問題是什麼。主要的原因是學測、指考的作文題目會有引言、舉例、說明等文字，而這些文字已經明確引導考生這個題目書寫的方向，而筆者就是從這些說明的文字去歸納、整理出這個題目與人生問題的關聯性。歸納出來的人生問題如下：

(1) 生、死的問題：人要如何活得精彩？死而無憾？

(2) 人生階段的問題：求學—求職—求婚—求子—求快樂

(3) 生存的問題：人與人（人際關係）—人與大自然（環境）—人與社會（人與社會的關係與責任）

(4) 職涯的問題：我的志願—我的興趣與性向—我的職業選擇—我的理想與現實

(5) 挑戰與挫折的問題：面臨挫折時的態度、思考的面向、處理問題的程序與方法

3. 八爪章魚覓食術的步驟與作文評分項目的對應關係

(1) 八爪章魚覓食術的運作順序

・問題定義（章魚頭中的現況、目標與差距）
・問題解決相關對策提出（章魚頭中的對策與效果）
・對策在實施的過程中產生的反效果或後遺症（爪子伸出與捲回）
・實施對策的同時，需考慮連帶受到影響的相關利害關係人（爪子伸出與捲回）

(2) 指考作文的評分項目（指考作文評分的四個面向）

・題旨發揮
・資料掌握
・結構安排
・字句運用

(3) 八爪章魚覓食術的運作順序與指考作文評分項目的對應關係，如表 8-3 所示

表8-3　八爪章魚覓食術的運作順序與指考作文評分項目的對應關係表

系統思考八爪章魚覓食術的運作順序	指考作文的評分項目
問題定義（章魚頭中的現況、目標與差距）	題旨發揮
問題解決相關對策提出（章魚頭中的對策與效果）	資料掌握
對策在實施的過程中產生的反效果或後遺症（爪子伸出與捲回）	結構安排
實施對策的同時，需考慮連帶受到影響的相關利害關係人（爪子伸出與捲回）	
	字句運用

由上表可知，除了「字句運用」是屬於考生個人的語文表達能力，這項能力需要有良好的語文基礎與閱讀習慣，來累積個人在文字與詞彙的認知數量與運用的熟練，而這也是系統思考無法處理的。除了這個項目外，系統思考八爪章魚覓食術可以有效協助考生首先釐清「這個作文題目是希望解決人生中的哪一個問題」，也就是八爪章魚覓食術中的「定義問題」。知道要解決的問題是什麼之後，接著就要找出解決問題的方法與對策，此時就

需要考量到「對策實施的過程中可能產生後遺症」與「實施對策的同時，需考慮連帶受到影響的相關利害關係人」。然而問題的解決在一篇作文中很可能只是「紙上談兵」，因此在文章的結尾，考生必須「假設這個問題已經確實解決」，並且寫出「問題解決後的感受」，這樣一篇首尾具足、切合題目的要求又言之有物、內容具體的文章就完成了。

4. 運用八爪章魚覓食術構思文章架構的流程

(1)【問題定義（章魚頭中的現況、目標與差距）】→ What？（作文題目考哪一個人生問題？這個題目的意義是什麼？）Why？（爲什麼要考這個人生問題？）→**第一段**

(2)【問題定義（章魚頭中的現況、目標與差距）】→ What？When？Where？with Whom？（你自己或別人是否曾經發生過這樣的問題？）How？（感受如何？）→**第二段**

(3)【問題解決相關對策提出（章魚頭中的對策與效果）】→ How？（要如何解決這個問題？）What？（用了哪些對策？）Why？（爲什麼用這些對策？）→**第三段**

(4)【對策在實施的過程中，產生的反效果或後遺症（爪子伸出與捲回）】→What？（這些對策發生了哪些反效果或是後遺症？）How？（要如何解決對策反效果或是後遺症？）→**第三段**

(5)【實施對策的同時，需考慮連帶受到影響的相關利害關係人（爪子伸出與捲回）】→ Who？（解決問題的過程中，影響了哪些重要的利害關係人？）What？（用了哪些方法來解決利害關係人衍生的其他問題？）Why？（爲什麼用這些方

法？）What？（這些方法發生了哪些事情或是後遺症？）→ **第三段**

(6) 【呼應問題定義】→ What？（問題最後處理的結果如何？）Why？（呼應第一段「為什麼要考這個人生問題？」）What？（經過這次問題處理的經驗，你的感受和心得是什麼？這樣的收穫和心得，對你未來人生的影響又是什麼？以積極、正面、充滿希望和陽光作結）→第四段（結尾）

5. 運用八爪章魚覓食術構思文章架構的實例

茲以民國 99 年大學學測作文題目「漂流木的獨白」與民國 103 年指考作文「圓一個夢」為例，說明如何運用八爪章魚覓食術構思文章架構：

(1) 民國 99 年大學學測題目：漂流木的獨白

說明：2009 年 8 月，莫拉克颱風所帶來的驚人雨量，在水土保持不良的山區造成嚴重災情，土石流毀壞了橋樑，掩埋了村莊，甚至將山上許多樹木，一路沖到了海邊，成為漂流木。

請想像自己是一株躺在海邊的漂流木，以「漂流木的獨白」為題，用第一人稱「我」的觀點寫一篇文章，述說你的遭遇與感想，文長不限。

段落（文章架構）	第一段	第二段
段落大意	我是一棵被昨夜的狂風驟雨沖刷而下的漂流木，原本我住在青蔥蓊鬱的高山……（省略）沒想到我竟淪落到在海岸邊載浮載沉……（省略）What？Why？	人類為了滿足永無止盡的慾望，於是他們過度開墾山林，違法興建民宿，大量的觀光人潮帶來山林的過度消耗與過多的的垃圾，造成土地的破壞及山林環境汙染，進而使得大雨沖刷下的山地爆發土石流，造成山林被沖刷殆盡，土壤夾帶山林巨石，沖毀了人類的房屋與土地，更奪走了無辜的性命。What？When？Where？with Whom？How？
對應八爪章魚覓食術	生存的問題：【問題定義（章魚頭中的現況、目標與差距）】	生存的問題：【問題定義（章魚頭中的現況、目標與差距）】

段落（文章架構）	第三段	第四段
段落大意	為了保護這片美麗的山林，為了山區居民的生命財產，為了留給後代子孫一片完整的生活空間，我們必須確實杜絕山地濫墾濫伐的現象。政府部門的嚴格把關與查察，加上嚴厲的法令刑罰，應可遏止不肖人士的蓄意破壞……（省略）How？What？Why？What？	我希望可以重新回到青山的懷抱，重拾往日美好的山中歲月，讓山林恢復盎然的生機，讓大地的土壤不再流失。唯有尊重大自然、愛護大自然，人類才能與自然共榮共存，才能為後代子孫留下美好的生存環境。What？Why？What？

段落（文章架構）	第三段	第四段
對應八爪章魚覓食術	【問題解決相關對策提出（章魚頭中的對策與效果）】 【對策在實施的過程中產生的反效果或後遺症（爪子伸出與捲回）】【實施對策的同時，需考慮連帶受到影響的相關利害關係人（爪子伸出與捲回）】	【呼應問題定義】現況與理想目標之間的差距減少（問題已經解決或已經改善）

(2) 民國103年指考作文題目：圓一個夢

說明：夢，可以是憧憬、心願，也可以是抱負、理想，只要好好努力，夢境往往也會成眞。如能推己及人，甚至還可以進一步幫別人圓夢。根據親身感受或所見所聞，以「圓一個夢」爲題，寫一篇文章，論說、記敘、抒情皆可，字數不限。

段落（文章架構）	第一段	第二段
段落大意	第一段：敘述自己的夢想是什麼？原因是什麼？What？（作文題目考哪一個人生問題？這個題目的意義是什麼？）Why？（為什麼要考這個人生問題？）	敘述實現自己夢想的規劃與步驟：→How？（要如何解決這個問題？）What？（用了哪些對策？）Why？（為什麼用這些對策？）
對應八爪章魚覓食術	職涯的問題；【問題定義（章魚頭中的現況、目標與差距）】	【問題解決相關對策提出（章魚頭中的對策與效果）】

段落（文章架構）	第三段	第四段
段落大意	敘述在實現夢想的過程可能會發生哪些問題？解決問題的方法？→How？（要如何解決這個問題？）What？（用了哪些方法？）Why？（為什麼用這些方法？）What？（發生了哪些事情或是後遺症？）	總結上述的問題解決最終結果，以呼應第一段的「夢想實現」，再次強調本文的主旨。What？（問題處理的結果如何？）Why？（呼應第一段「為什麼要考這個人生問題？」）What？（經過這次問題處理的經驗，你的感受和心得是什麼？這樣的收穫和心得，對你未來人生的影響又是什麼？以積極、正面、充滿希望和陽光作結）
對應八爪章魚覓食術	【對策在實施的過程中產生的反效果或後遺症（爪子伸出與捲回）】【實施對策的同時，需考慮連帶受到影響的相關利害關係人（爪子伸出與捲回）】	【呼應問題定義】現況與理想之間的差距減少（問題已經解決或已經改善）

以上僅提供筆者在這二年學習八爪章魚覓食術方法的過程中，試圖應用在筆者高中作文教學上的一些心得。目前遇到的問題主要還是學生對於「系統思考」的先備知識不夠充足，因此在正式上作文課之前，必須先教會學生理解什麼是系統思考？系統思考的運作原理？接著才能說明如何將八爪章魚覓食術應用在作文架構的建立上面。另外，在實際操作時，學生必須花一些時間練習將作文的架構與八爪章魚覓食術的步驟加以結合。最後則是學生自己必須在用字遣詞上多下功夫，畢竟這是語文最基礎的素養，更是系統思考這個抽象的思考方法與步驟在中文寫作上無法

具體給予幫助之處。

八爪章魚覓食術在歷史科學習之應用

在媒體及網路發達的今天，許多新聞、影片、照片及網頁往往讓當代人以爲爲後世保留了事件最眞實的一面，但事實卻可能完全相反，一部於西元 2003 年發表，由兩位愛爾蘭籍電視製作人員 Kim Bartley 及 Donnacha O'Briain 所製作，記錄 2002 年 4 月委內瑞拉政變始末的紀錄片 *Chavez: Inside the Coup*（中文譯名：風暴 48 小時）[2]就充分證明了這個道理。在這部紀錄片中，同時收錄了政變當時委內瑞拉國內電視台的報導片段以及愛爾蘭電視製作人員在當地拍攝到的情況。從委內瑞拉國內電視台的報導片段中，可以看到人民爭先恐後湧向街頭慶祝政變成功的鏡頭，但在愛爾蘭電視製作人員於同一時間所拍攝的影片中，我們看到的卻是街頭空無一人的景象。當然，除了這個例子，美國、比利時及台灣等地媒體近年來層出不窮的假新聞事件也都是，其中比利時新聞媒體於 2007 年假造比利時北部荷語區片面宣布獨立的新聞[3]，甚至騙過了當地的外國使節。試想，倘若這些資料有幸被保存到五百年後，我們又能有多少把握可以說它不會成爲史料中的一部分，並被當作眞實記錄來看待？反過來說，我們又有多少把握可以肯定的說我們有能力百分之百正確的區分出既存史料的眞僞？

---

2 本片曾於 2006 年 8 月 12 日在公共電視頻道「觀點 360°」節目中播出。

3 比利時假新聞搞分裂，報導荷語區獨立，九成觀眾上當：http://www.appledaily.com.tw/appledaily/article/international/20061215/3106768/

另外，我國已故著名歷史學家沈剛伯先生，也曾在他於中央研究院歷史語言研究所四十周年慶當天所進行的演講[4]中提到，任何保存史料的方式都無法完整保存所有歷史上的資料，而保存下來的史料也非百分之百可靠，像民國初年軍閥割據的時代裡，每天都有大量的電報、公文公諸於世，其中有多少可以盡信，不無疑問。

面對這樣一種各種歷史資料眞僞夾雜的情況，我們是否應該去思考今日設置歷史課程的目的究竟爲何？民國 97 年 4 月 11 日的《聯合報》AA1 版刊載了一則新聞，就是德、法合編的高中歷史課本第二冊在當年 4 月 9 日正式出版。由於這本教科書所涵蓋的時間剛好是德、法嚴重對立的年代，也就是從普法戰爭一直講到兩次世界大戰，因此特別受到矚目。在這本教科書正式出版的典禮上，德國代表談到了這本書出版的用意，在於讓學生發現歷史解釋的主觀性及被政治利用的可能。

這樣一種說法提供給我們一種不同的思考，那就是歷史教學的目的與重點或許不單單在瞭解史料呈現出來的內容，還同時存在於「我們如何在生活中看待並使用歷史」這個課題上。以下我們將使用一個簡單的例子來說明這樣一個觀點。

在目前的高中歷史課本中，我們可以看到聯省自治、南北議和、護法運動等對於民國初年軍閥割據歷史的各項敘述，這些歷史如果我們直接把它們放在「我們如何在生活中看待並使用歷史」這個課題上進行討論，恐怕大家的答案多會是「現在根本用不到」這類的答案，但如果我們從系統思考觀點出發來進行思

---

4 沈剛伯，〈史學與世變〉，《中央研究院歷史語言研究所集刊》45：1（台北，中央研究院，1967.10），頁509-517。

考，或許會有不一樣的答案出現。

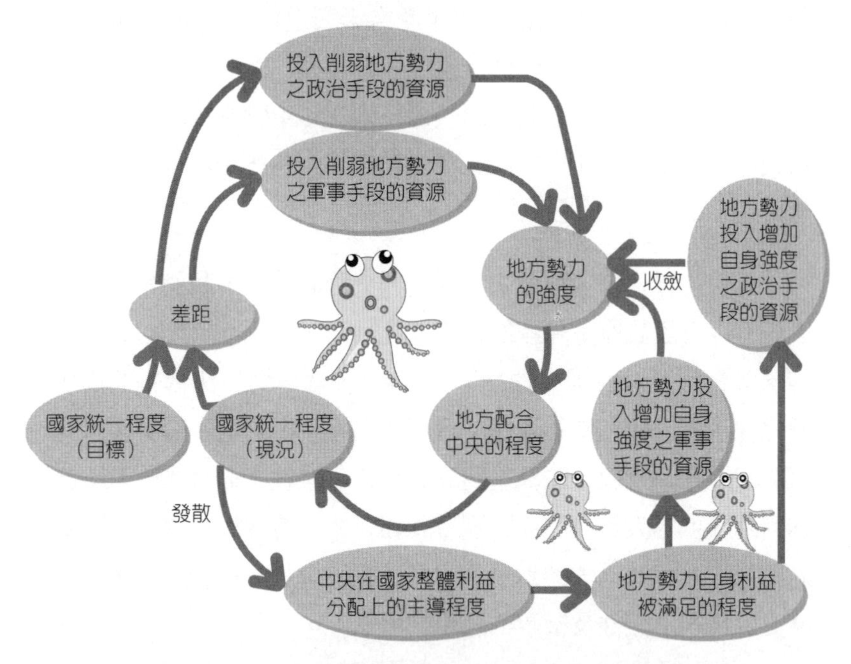

圖 8-20 民初動亂系統的八爪章魚覓食術分析

圖 8-20 是我們利用八爪章魚覓食術去呈現出來的民初動亂系統，在這張圖中，大家看不到聯省自治、南北議和、護法運動、打倒吳佩孚、聯絡孫傳芳、不理張作霖等等描述歷史事件或策略的文字，但如果大家試著用這樣一張圖去解釋那些歷史事件或策略，卻可能發現彼此是可以吻合的。這是因爲系統思考著重的是動態策略的展現及看待系統的態度與思維。

如果我們現在把思考的問題從「聯省自治、南北議和、護法運動等對於民國初年軍閥割據歷史的各項敘述，我們如何在生活中看待並使用」，轉變爲「動態策略的展現及看待系統的態度與思維，我們如何在生活中看待並使用」，那麼大家的答案還會是

「現在根本用不到」嗎？

著名演員陳松勇先生曾在接受電視媒體訪問時，提到一個他不用背台詞的訣竅。他提到台詞之所以難背，是因爲劇本上的台詞有時根本不是平常生活中會說出來的話，要想台詞好記很簡單，就是把台詞改成你在平常生活各種現實場景中，那些慣用思維邏輯會讓你說出來的話。

當我們難以從歷史課本上的描述中看見某些歷史事件背後的思考、決策與發展邏輯時，這些歷史就變得十分難學、難教、難記，並且覺得與現在的生活毫無關聯，因爲它們跟我們生活中的現況與思維邏輯難以產生連結。但當我們利用特定方式，試著去把這些歷史背後的思考、決策與發展邏輯呈現出來時，情況往往就會改觀。像是圖8-20，如果我們不拿來解釋民初動亂，而是用來思考目前行政院與各縣市首長之間的一些爭議，在某些部分是否一樣可以解釋得通呢？

當歷史教學的內容透過系統思考與現實生活及我們生活中慣用的思維邏輯聯繫上時，歷史事件就不再冷冰冰，沒有生命，而是活生生的站在大家面前，讓大家可以在現實生活中去使用、去思考。

《易緯‧乾鑿度》：易一名而含三義：所謂易也，變易也，不易也。就目前有限的人類智識來說，在這世上不變的是自然法則，各種現象則是萬變的，唯有用不變的法則去看待萬變的現象，才可能以簡馭繁，而不至於迷失在萬變的現象中，找不著方向。在歷史長河中所發生那成千上萬、無法計數的事件，就是現象，把眼光僅僅放在這些現象上，可說是毫無意義，直接僵硬的套用在現實生活中，就像治水只看下游一般，堵了這頭，漏了那頭，唯有一併嘗試著去把這些萬變現象背後隱藏的不變法則找出來，才可能讓過去的歷史在今天透過學習與思考，產生它眞正的功用、意義與價値。

從系統思考的觀點來說，所有歷史事件背後不變的法則，在於人性受外在環境呈現出來的決策邏輯，以及人類運用自身知識在每一個時點去認識自身生活環境這個大系統時，所呈現出的侷限性與創造性，簡要的說，就是古人所說的「天人合一」這樣一種概念與思維態度。在圖8-20中，大家可以看到，每一個環節都受到系統中的其他環節影響，每一種決策要考慮的都不只是單一因素，而這個系統大家更可以發揮創意去思考可以用在何處，可以跟另外哪些系統進行連結，同時更重要的是，我們絕不告訴大家我們這個圖呈現的是一個完整無缺的系統，因爲人在知識與感官上的有限性，會使人的認知產生侷限性。

倘若歷史教學能帶給學生的，不只是歷史事件在表象上的描述與呈現，不只是眞假的探究與爭執，還有歷史事件背後所隱藏的天人合一概念，那麼我們的學生能夠具備的，將是面對未知世界時的應變、思維與決策能力。而即便是從現實觀點出發，這樣一種新的系統思考八爪章魚覓食術的歷史教學嘗試，也可能使得課本上的歷史描述內容更容易被理解與牢記。

八爪章魚覓食術在公民科學習之應用

在高中的課程中，公民與社會科是最符合成爲新課綱之核心素養中系統思考與問題解決能力訓練的學科。因爲公民與社會科所談到的內容是社會、政治、法律與經濟，這些都是與人有關係

（利害關係人）的科學。透過公民與社會科來訓練學生系統思考問題解決的能力很合適，所以如何運用八爪章魚覓食術有效傳授給學生問題解決能力，是本文關注的焦點。

公民與社會課程中常談到國家公共政策，講述國家公共政策的問題產生、擬定與規劃、計畫與方案的形成、形成法規、執行、績效等面向（參照高中公民與社會科第二冊），我們可以使用八爪章魚覓食術圖形，有效地告訴學生有關政策最初想要解決的問題與政策產生的後遺症。例如：近來，台灣民眾的環境保護意識高漲，對於住家附近的石化工廠通常都會採取抗拒、反對的態度，甚至提出搬離或關廠的主張。而政府在處理相關議題的時候，牽涉到地方政府依據地方自治法所制定的環保相關標準檢視這些石化廠。關廠或搬離也許只要一紙命令就可以辦得到。但是後續所引發的後遺症就必須通盤思考。否則，政策產生的後遺症會反噬，並造成更大的影響。後遺症包括：勒令工廠停工關閉，是否會造成工廠員工失業？中下游廠商的供應鏈是否連帶受到影響？如果地方政府動不動就要求關廠或停工，是否造成國內外投資者的疑慮？政府是否必須持續支持我國石化工業？我國能源政策的走向如何？石化工廠是否也必須檢討自身汙染的控制與是否願意投資各種環境保護設備以降低汙染？環境保護與經濟發展如何取得平衡點？這些都是考驗執政者執行公共政策的能力。這種因爲公共政策的方案執行，雖解決眼前的一個問題，卻又產生另一個問題的國家公共政策，屢見不鮮。所以當一個國家的執政者擬定政治、經濟、金融、財政、生態環境與能源等決策，不能只著眼於本國的角度去思考許多複雜的問題，因爲許多的公共議題都是錯綜複雜，無法單獨抽離或簡單思考。當一國的政府所採取的決策是爲了解決當時所面臨棘手且立即性的問題時，如果沒有運用系統思考中的系統迴路、時間滯延（Time delay）、反饋與因果關係等知識，而貿然採取症狀解時，常會造成更加嚴重的反噬現象，其結果將耗費更多的人力、財力與時間去解決決策所產生的反效果。我國早期發生 A 型肝炎流行的主要原因，是餐廳或自助餐廳的餐具受到 A 型肝炎病毒感染，國家衛生機關爲了解決 A 型肝炎流行造成損害國人健康的問題，決議推動免洗餐具政策。在當時是一個解決公共衛生的好方法，但這項政策的另一個問題卻是環境生態的大問題，因爲免洗餐具造成垃圾量大增的環保問題，且當時我國也正在推動垃圾焚化政策，免洗餐具經過焚燒以後產生空氣汙染，造成國人健康更大的傷害。因此，我們知道當時的衛生決策機關爲了解決 A 型肝炎的國民健康問題，卻也創造了另外的環境保護與致病率有關的大問題。就像新加坡總理李顯龍所說的：「我們不能解決一個問題後，又產生另一個問題。」簡單的說，就是政府利用症狀解解決了 A 型肝炎流行的公共衛生問題，但卻不思由根本解來處理公共衛生的問題，因而造成破壞環境與罹病率增加的反噬現象，這就是一種因果關係的反饋現象，如圖 8-21 所示。

建議公民科教師進行系統思考八爪章魚覓食教學法，可以採用以下幾個步驟：

1. 教師進行系統思考教學時，先探究何謂系統的基本定義。教師應以一些例證來說明系統的定義、範圍與效用。再分析系統與系統之間的關聯性與所產生的功能。

2. 教師應該建立並講述八爪章魚覓食術因果關係圖形。公民與社會學科教師常會以國家的公共政策爲主軸，講述國家有關社會、政治、法律與經濟公共政策的始末與其造成的實益。教師建立八爪章魚覓食圖形剛好可以動態化的表現國家公共政策的問題、制定、實施與效益。

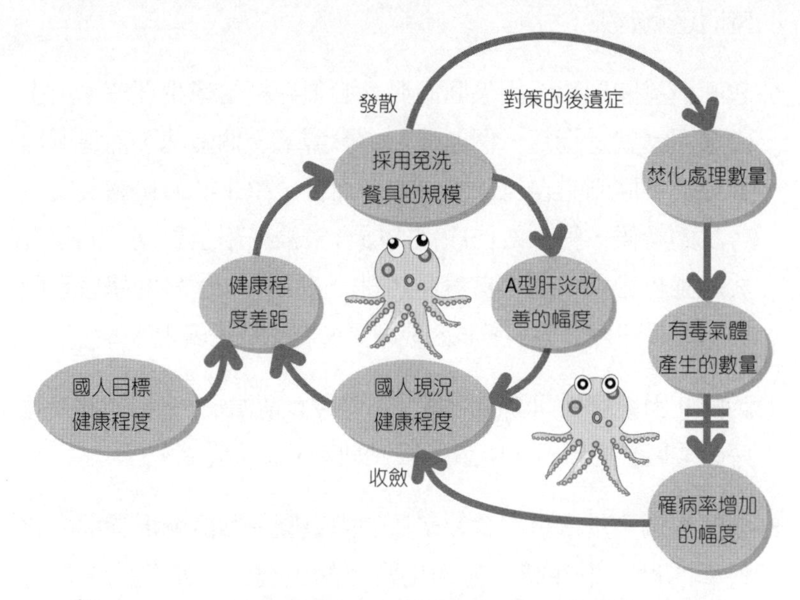

圖 8-21　推動免洗餐具對策的八爪章魚覓食術分析

3. 國家公共政策係因爲公共問題產生之後，政府爲了解決此問題才發展出公共決策，解決公共問題。因此，在制定公共政策以前，會先分析與瞭解問題的現況（章魚頭的現況）。

4. 瞭解問題現況以後，接下來就是提出公共政策如何解決的期望。我們又稱爲目標（章魚頭的目標）。綜觀大多數的公共政策都會有制定計畫與方案所要達成的目標。如果計畫或方案沒有目標，制定公共政策將毫無意義，也會浪費國家資源與公帑。

5. 現況與理想目標之間會產生差距（章魚頭的差距），而這個差距會讓你想要開始採取某些措施或行動（章魚頭的對策）來加以改變。這些措施實施後會產生一些效果或產出（章魚頭的效果）去影響現況。最後，目標與現況之間的差距會隨時間逐漸消失。

6. 教師講述圖形時，因果回饋概念必須介紹給學生理解。所謂因果回饋就是指每一個區塊都會影響下一個區塊，而這個影響最終會回到它自己身上。舉例而言，學生認眞研讀英文，考試的時候，得到較佳成績的機會較高，學生對英文的學習成就感也相對較高，自然而然對於英文這一學科的學習意願與學習時間會增加，考試的成績又會有更好的表現。

7. 講解此因果關係回饋圖形時，那些帶有箭頭 ⟶ 的連接線解讀成影響的意思。所謂影響，即因 A 而造成 B。

8. 教師透過八爪章魚覓食教學法的因果關係回饋圖形講解社會科學的歷史事件時，先提出當時的現況，及當代的環境背景，並且跟學生討論與講解當時的歷史目標，再瞭解提出的策略與後來的歷史發展。必須強調的是因果回饋圖形的組成爲因果關係。透過這種系統思考動態性發展，優於文字敘述的講解。教師還可以進一步先製作課程影片，放在 YouTube 或 facebook 上，請學生先預習，下次在課堂上，以八爪章魚覓食教學法的因果關係回饋圖形，配合影音資料，更可以翻轉整個教學活動，使課程更有效率，學生學習情境更好。

諾貝爾文學獎得主、愛爾蘭詩人葉慈（William Bulter Yeats, 1865-1939）曾說：教育不是灌滿一桶水，而是點燃一把火（Education is not the filling of a pail, but the lighting of a fire）。十二年國民基本教育所推動的核心素養中，系統思考與問題解決能力的發展，是爲了提升我國學生國際競爭力，而八爪章魚覓食教學法可以完整提供此教育目標的達成。

國家圖書館出版品預行編目資料

系統思考與問題解決 / 楊朝仲等合著. -- 三版. -- 臺北市：書泉, 2017.03
面： 公分
ISBN 978-986-451-084-9（平裝）

1.職場成功法 2.就業

494.35 106001208

3M55

系統思考與問題解決

作　　者 — 楊朝仲　文柏　林秋松　董綺安　劉馨隆
徐文濤　李政熹
發 行 人 — 楊榮川
總 經 理 — 楊士清
總 編 輯 — 楊秀麗
主　　編 — 侯家嵐
責任編輯 — 劉祐融
文字校對 — 許宸瑞　劉天祥
封面設計 — 盧盈良　陳翰陞
出 版 者 — 書泉出版社
地　　址：106台北市大安區和平東路二段339號4樓
電　　話：(02) 2705-5066　　傳　真：(02) 2706-610
網　　址：http://www.wunan.com.tw
電子郵件：shuchuan@shuchuan.com.tw
劃撥帳號：01303853
戶　　名：書泉出版社

總 經 銷：貿騰發賣股份有限公司
地　　址：23586新北市中和區中正路880號14樓
電　　話：(02) 8227-5988　傳　真：(02) 8227-5989
網　　址：http://www.namode.com

法律顧問　林勝安律師事務所　林勝安律師

出版日期　2009年 8 月初版一刷
2011年12月二版一刷
2016年 1 月二版四刷
2017年 3 月三版一刷
2020年 9 月三版三刷

定　　價　新臺幣250元